蓋自然的家屋

友善土地，就是友善這塊土地上生活的人

林黛羚 著

獻給——我的爸媽 益堆與素貞

序

自然人 野房子

當您想像心目中的房子時，是從現有既存的房子樣式中去選擇、還是從無到有自行描繪出來？你有想過也許有可能住沒有直線與直角的房子嗎？幫自家老厝改造時，有從平價綠房子的角度思考嗎？有想過除了水泥之外的建築素材嗎？甚至，不論您是男生或女生，有想過可以透過自己的雙手蓋房子嗎？

這次再繞台灣一圈又一半，接收到許許多多的震撼教育，尤其以親手蓋房子這件事。像是輝哥跟我說，他父執輩那一代，雖都是務農，但都會蓋房子，與親戚合力把村莊裡的房子輪流蓋起來，所以他覺得自己蓋一間共棲寮是很自然的事；水里阿忠小時候蓋過鴿舍，長大後就蓋出兩層樓有旋轉樓梯的木屋……而九二一地震後房子斜了，就把它給拉直就好了！

他們把蓋房子視為天生本領、把維修換新看成跟呼吸一樣理所當然。

除此之外，書中的屋主們多都是跳脫傳統價值觀的人。他們的思路不受拘束，像是阿立與謝兄的老屋綠改造，都是以自己的方式，去實驗推敲從中找出綠改造的解法，實踐自己對環境的一份心意。

有的則是所謂的自然人，他們習慣於蚊蟲的偶爾出現、走路時腳邊會有花草輕拂、想吃什麼就自己種、自己釀，需要什麼傢俱就自己做，他們對自然中的動植物比較敏感，透過觀察與順從自然，達到自給自足的目標。

書中的屋主們，大致上有一些共通點，生活簡樸、貼近自然、汗水淋漓、笑得開懷、不隨波逐流、對生命充滿好奇心與熱情……所以，這些房子是他們「自然的家屋」，他們有的找到了青松所提到的「心安的節奏」；有的則稍微沾過「狂喜自由」的邊邊。他們走在時代的尖端，分享居住與生活的智慧。遲早，玩膩了現代遊戲規則的人，都會慢慢跟上他們的腳步。

以下是書中幾項特點，稍作整理如下，但屋主精采豐富的人生故事則要慢慢看了。

⊙**自己動手做**——房子是親手蓋的、菜是自己種的、傢俱是自己做的、舊料再生的、窗簾布是朋友染的，甚至連衣服，都可以是自己手縫的。

⊙ **自然建築**——自然建築的種類與差別，主要在於牆體施工方式。包括土團（Cob）、土磚（Adobe，似台灣早期的土角厝）、斷木土牆（Cordwood，本書代賢家的東面牆）、紙磚牆（Paper Crete，本書大茉莉農莊）、茅草牆（Straw bale）、客土袋（Earth Bag，《蓋綠色的房子》中村上家）……等多種工法可選擇，但共同點是對土地友善、擅用既成資源。例如挖出來的石頭與土壤當做日後的牆體材料。砍下的木頭做為日後的工具或傢俱。

⊙ **場所感**——有時候場所的狀況甚至也會影響房子的設計與造形。不同的屋主以不同方式來處理西曬、結露、東北季風及颱風等氣候問題，有務農的則會規劃土地的用途。位於海邊、都市與深山，遇到的氣候狀況各不相同，也會有不同的解法，甚至化缺點為優勢。

⊙ **最小拆除量**——除非整棟嚴重損毀或脆弱不堪，不然拆除時建議不要大動，能夠不丟棄的材料就回收或送人。可以不拆除、堪用的部分就留著，使廢棄物減量，新舊材料並存。

⊙ **再生再利用**——將看過的報紙經過處理變成紙磚，老房子拆下的木料，門窗成為素材，用過的材料經過再生、再處理，成為便宜又天然的建材。

容我強調，本書並不與所謂樂活、慢活、綠能經濟、綠色科技等時尚名詞搭上邊。而屋主的生活態度，也不是一時的流行，而是以長遠來看，對人類及環境都會比較有益的方式。

在此，我要謝謝書中每一位受訪者，謝謝您們分享精采的故事和生活，沒有你們，我就無法成就這本書。謝謝外星人 Davis（德輔）無償跟拍阿忠與發桂家，你真的有讓大家開心的魔力！謝謝席芬與心梅，要委婉催稿還要耐心編排如此龐大的圖文，真的需要很高的 EQ 和用心。謝謝陳阿隆，這次以理性平和的方式盯稿，隔天要上班還是仔細地幫我一校。謝謝支持我的同學、朋友、屋主和讀者，因為您們的鼓勵與期待，讓我（些微）戰勝惰性、（幾乎）準時出書。

最後，我要祝福每一位翻開這本書的人，內心都將種下一顆幸福種子，它將慢慢萌生、成長、茁壯，讓您有勇氣去實現理想中的生活！

林黛羚

目錄

不論是綑室屋或即將完成的木架黏土屋，代賢與仲仁蓋房子的概念都讓我印象深刻。仲仁先透過書籍及施工經驗去擷取自然建築的關鍵資訊，然後就以這些資訊為材料，開始發揮屬於自己個性的房子。他們不拘泥於形式、也不想直接 copy 國外自然屋，自己嘗試揣摩出材料的比例與工法的創意，巧妙多變……

飄雨飄到臉上，看那邊的霧、看鳥飛；
晚上躺在那裡（指著屋頂），看月亮；
然後睡覺，就是這麼舒服！

當你懂得呵護、尊重與讚美土地上的動植物時，你會得到相對回饋。發桂家的這塊土地與森林，即使是深夜，散發的仍是友善的氣息。發哥親手敲敲釘釘、機動調整，例如蓋到一半覺得衛浴長得像廚房，那就改成廚房等充滿直覺的決定，小屋宛如在故事一開始「好久好久以前……」就已經存在了。

現代水泥住宅成為主流之後，高傑恐怕是國內第一位發起協力蓋木架黏土屋的「屋主」吧！他重現了阿公阿嬤時代的造屋方式，呼朋引伴一起開心蓋房子，在歷經三年半之後完工。雖然初衷是想要省錢，不過最後得到許多金錢也換不到的真摯情誼，以及健康涼爽的自然建築！

其實應該稱它為「紙磚屋」，不過因為它是國內第一家用回收報紙做成的可住人的房子，「報紙屋」已經成為它的稱號。然而，「大茉莉農莊」精采的部分，可不只是「報紙屋」，從土地的設計、植栽到屋主對資源的珍惜與回收，都是十分令人敬佩的！

什麼樣的人，會願意不計時間代價，用一顆顆的土丸子，又搓又擠又壓地堆成厚實的土牆？什麼樣的經歷與成長環境，會讓人對大地不敢冒然、會對土地及大樹產生疼惜之心？透過這間土團屋自然建築，來聽聽簡姊的故事吧！

我只要在田裡持續耕作，我就有一個基本生計；我只要在田裡持續耕作，我就對環境有發聲的機會；我只要在田裡持續耕作，我就能持續影響周遭的人事物；這樣，就很完美啦！

為了讓孩子接受完整的華德福教育（Waldorf Education），綺文與吉仁從台北移民到宜蘭，並在有限的預算內，以十個友善的設計觀點蓋了一間房子，同時善用土地資源，朝著提高糧食自給率的理想生活邁進！

活用回收材－再生住宅

09／老爸送給女兒的承諾
花蓮市▼愛的移動城堡
這間房子名叫「蘇湖」，因為它座落在湖畔的蘇家三合院旁，是愛、想像與實踐的結晶。敏敏，本故事的主角，剛滿十歲，蘇湖的發想者。而她的母親蘇湘芬以及父親許先生，則是敏敏的造夢者，至今仍持續不斷地為敏敏編織新的夢想！
158

10／玩家，玩自己的家！
台東．太麻里▼從一頂帳篷開始
走一趟輝哥與文麗姊的家，不但讓我開車技術升級，也是居住方式的震撼教育。他們的生活同時強調連結土地、手動價值、分享生活及減法農法。手動價值是輝哥對「玩」的延伸，從共棲寮乃至於眺望臥室，都已經超越單純的ＤＩＹ，而是包含著享受自然、玩樂人生的目的。
172

11／自給自足的鄉居生活
台東．卑南▼有機生活
簡單大方的小鐵皮屋，讓夫妻倆得以在退休之後，享受悠閒的鄉居生活。透過停止使用農藥，並搭配各類果樹林木混種，讓原本只是單一生產酪梨的土地得以休養生息，現在，夫妻倆過著幾乎自給自足的生活，並浸淫在各種令人讚嘆的生態驚喜之中！
194

12／在太平洋崖上的小屋
台東．都蘭▼廢木變藝術
從台東市開車前往都蘭的路上，一定會經過飛魚．夏曼的家。透過 Google 地圖看都蘭一帶，飛魚的家是台十一線上最靠近海岸邊的民宅，後院板凳拉出去就是太平洋，地形是臨海懸崖的岩岸，房子與海的高度落差約在二十公尺左右。住在這間房子裡，隨時得以享受海風、海景、海聲……
208

13／跳脫迴圈，築 Dream Box
南投．埔里▼不只是貨櫃屋
剛看到 Julia 和ＫＨ的家，一開始還理不出頭緒。有貨櫃、有曲線型的鐵皮屋頂、磚牆，後兩者一看就不是貨櫃屋的材質啊！那到底什麼是主結構？哪些範圍又是貨櫃空間？Julia 和ＫＨ是怎麼交錯使用？走在其中猶如試圖破解詭異的空間謎題，滿是驚喜！
220

老屋綠改造

14／用功的屋主 vs. 發光的工班
台北市▼老屋綠改造
簡直像是把透天改造當成益智遊戲在玩的阿立先生，以打造綠房子為宗旨，邊看展覽邊參與實作、與工班一起參與施工、還分享人力資源管理知識給工班。長達十個月的施工期，歷經三個強颱，持續討論與分享、添加新構想……完工後，屋主與工班已經情同患難兄弟，房子的各個角落，可以看出屋主的創意設計……
238

15／美好時光的移築與再生
台北市▼老屋綠改造
因為房子旁種的山茶花，讓 Sherry 回想起童年的家，決定買下這間老房子。幫忙改造設計的 Peter，以少拆、少丟、多回收再利用為出發點，幫老房子穿上隔熱又隔絕濕氣的外衣，室內並發揮 Form follows function（形隨機能）的簡約概念，辛苦了半年，終於完成了心目中的 Green Villa。
256

16／維持老屋骨架的關鍵式改造
彰化市▼平價綠建築
這間謝孟霖買下的二十九歲老透天，之前未被善待，屋裡充斥著壁癌、霉味、油垢、老鼠與髒亂。因為不想製造垃圾，新屋主希望老屋的拆除量降到最低，決定用現有格局與骨架為基礎、投入約三百萬元的預算，以「關鍵改造」的方法，融入通風、採光、雨水回收、隔熱、熱泵系統等五項零耗能或低耗能設計。這是他對環境資源所盡的一份心意，也為全家人長期居住創造舒適又省錢的生活。
270

附錄
老屋細部防水措施、連棟透天拆除過程、火箭爐製作
288

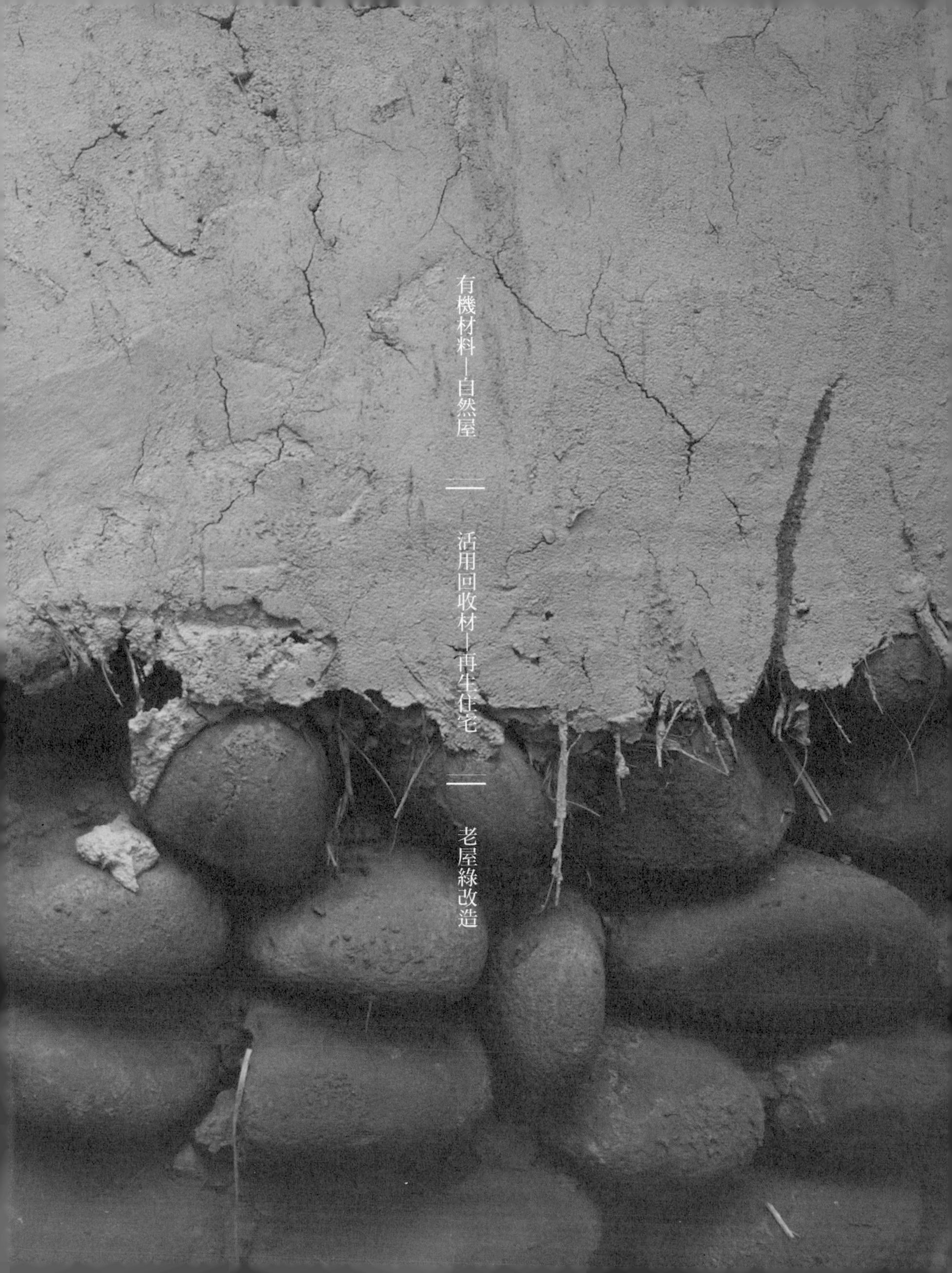

有機材料—自然屋

活用回收材—再生住宅

老屋綠改造

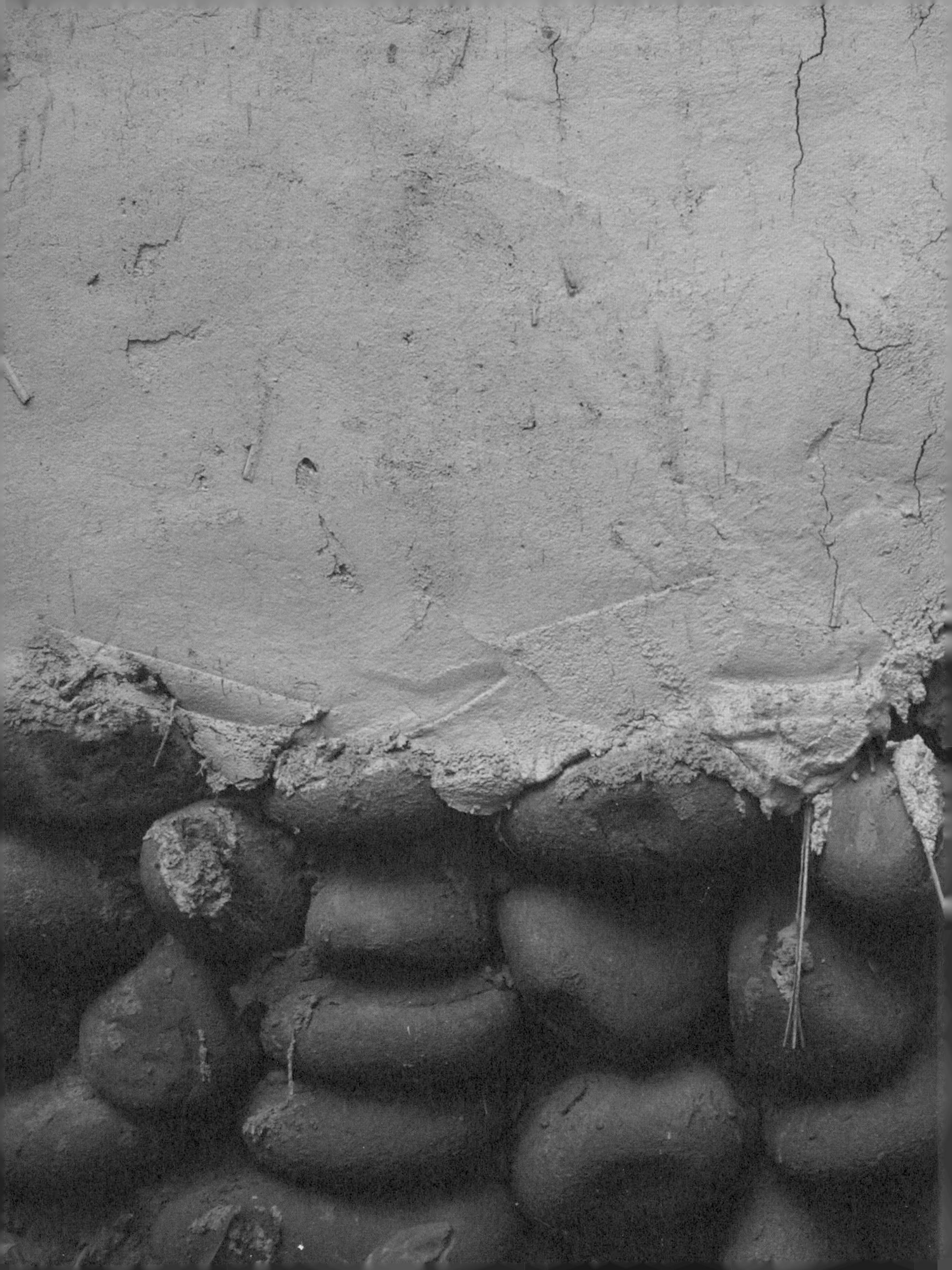

自然手感建築

家的 freestyle

不論是網室屋或即將完成的木架黏土屋，代賢與仲仁蓋房子的概念都讓我印象深刻。仲仁先透過書籍及施工經驗去擷取自然建築的關鍵資訊，然後就以這些資訊為材料，開始發揮屬於自己個性的房子。他們不拘泥於形式、也不想直接copy國外自然屋，自己嘗試揣摩出材料的比例與工法的創意，巧妙多變！我從他們的房子看到了自由和熱情。

※本篇部分照片由受訪者提供，特此致謝。

family story

屋主 / 代賢、仲仁
聯絡 / star.studio@msa.hinet.net
風中之星手工房目前以空間設計、施作及手感原木傢俱為主，已開始接自然建築設計案。

取材時 2010 年 6 ～ 8 月 / 夫 31 歲、妻 36 歲
租下土地 / 2007 年初
蓋網室屋 / 2007 年 1 月底～ 8 月底
蓋木架黏土屋 / 2007 年 11 月～ 2010 年 9 月（完成 80%）
蓋屏東木架黏土屋 / 2010 年 8 月～籌建中（歡迎加入協力造屋的行列）

house data

風中之星
地點 / 桃園縣中壢市
地坪 / 200 坪
建坪 / 30 坪
結構 / 網室、木架黏土屋

第一次看到代賢與仲仁家的自然屋，真的被它和諧的美感比例所震懾了。它有一種吸引力，會讓你流連忘返；它輕快、和諧且充滿年輕活力。無怪乎，人家說自然屋可以表現建造者的個性。拜訪幾次，陸續有別的訪客或路人經過，代賢都會跟他們小聊一下，「依照我以前的性格，沒經過告知就來打擾，一開始會覺得很不適應，因為這房子是要讓我們能安靜休息和專心工作的，並不打算對外開放。」代賢說，「但有些朋友來到這裡好像回到了家；有些人則對自己的家有更環保與自然的觀點。我體認到要將這樣的生活慢慢分享出來，最後，我們的家門就始終維持著敞開的狀態！」

仲仁雖然跟我一樣年紀，六十七年次，可是他已經「動手蓋」了兩、三間房子了！是我遇過自己親手蓋完房子最年輕的人，真的好欽佩他和代賢！第一間房子是網室屋、第二間房子是緊鄰在旁的木架黏土屋，第三間則是最近的工程、遠在屏東海邊公路旁。而這些蓋房子的動力與可能性，追本溯源，應該是來自兩人對自然生活的崇敬喜愛、以及對手作生命的極大熱情慢慢轉化而成。

「父親是外省人，晚婚、孩子多、又無專長，大半生的工作是在賣破爛，就是那個年代大家口中說的『買鴨毛、酒罐』。爸爸手很巧，撿來的書、玩具、衣服，稍微修理縫補一下就可以讓我們用了，他也會做飯、幫我們剪頭髮、教我們修理人家丟掉的東西。」代賢說，「但我們家四女一男，我若想要繼續讀書，就得自己想辦法，高中畢業之後，選擇半工半讀，白天上班工作。」

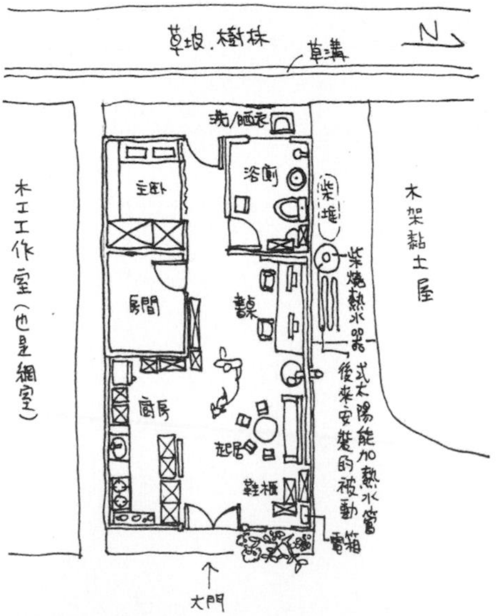

風中之星網室住家平面示意圖

半工半讀大專時，代賢在一間印染旗幟的公司上班，存了一點錢、買了一台吉普車，與公司老闆論及婚嫁。「但我內心有個聲音，覺得人生好像不應該只是這樣，結婚生子？穩定的生活？我想找尋生命的真相，於是選擇離開。」

她開著吉普車，開始四處流浪、加入劇團、參與幕前戲裡人生與幕後道具製作。因為唸的是工藝設計，還自己做了許多手工

1｜還沒蓋網室之前的基地原始狀況。

2｜以怪手幫忙把網室的支柱往下壓，三天內就組好了。

3｜網室的後方挖一道排水溝，讓住屋四周排水順暢。

4｜塑膠膜與黑網固定好之後，自行調出水泥，在被灌濕的土地上倒入砂與水泥。其中磚塊散佈其中，是希望增加水泥的堅固程度。

5｜正門的三角框架與網室之間的空隙，將來會用木板填補起來。

6｜側邊的魚鱗板牆及室內的木作隔間開始施作。

7｜小朋友們正在幫魚鱗板塗上保護漆。

8｜新家還沒蓋好，就在工地裡搭帳篷過夜。

品到墾丁、台南和天母擺地攤。她當時常環島，晚上大多就睡在吉普車上。「我大概是在二十六、七歲時開始四處流浪，朋友大多沒車，我偶爾也充當他們的司機和伴遊。九二一地震時，我加入吉普車賑災車隊。有了車子讓我在短時間增加許多廣度與視野，那兩年對我來說非常豐富。」二十八歲時，代賢和姐姐們跟朋友在故鄉中壢合開了結合美術教室的小咖啡館，由代賢負責吧台，流浪的旅程才結束，也是那年在回鄉旅途中，結識另一半仲仁。

代賢與仲仁是在火車上相遇的，「當時他坐隔壁，我們稍微聊了一下，那時他很宅，就是看起來很老實的讀書人，對我這脫韁野馬來說並不覺得印象深刻。那時我二十八歲，他小我五歲，互留資料之後，他持續跟我聯繫，覺得他是個溫暖的人，然後交往六年後結婚。」算算，至今兩人也相遇十年了。「結婚之後我們租下一間公寓的一樓，仲仁就在自己家開的工程行幫忙、去工地釘板模，而我則是教小朋友美術和成人生活ＤＩＹ。因為朋友要求，我們開始接一些木作案，但公寓空間太小，每次使用鋸台都要搬到馬路對面的軍用大操場，鄰居們覺得這樣搬上搬下也太辛苦了吧。」兩人一直渴望有足夠的空間，可以過著小時候一樣自由自在的生活，更重要的是「能親手蓋一棟夢想中的房子」。

三年前，他們接了中壢「田中香花園」的大門創作案，與花園主人聊到他們的想法，他表示很樂意租地給他們使用。於是，代賢與仲仁便以一個月一萬多元的租金，租下面積約二百多坪的

1｜如今，仲仁所搭起的四間網室（住家、工作室、倉庫、客房），除了住家外，其餘都爬滿木玫瑰，讓網室裡的炎熱時段縮短許多。

2｜從廚房看往客廳一景。左上角是代賢的姊姊手作的天使。

3｜在大門地上，畫有一棵樹，象徵著一直在成長茁壯。

4｜從側面看住家，屋頂鋪了兩層黑網，前方的龍柏是從仲仁老家搶救來的，種在屋側顯得相襯兼具擋風功能。

5｜門口右側是鞋櫃及電線總開關區。

6｜書架上大多是自然住宅的書籍，發票與單據很有系統地掛在書架下面。

1｜廚房位於門口左側，大部分的人都從門右邊進來，不會立刻注意到。洗手槽是特別買來的檜木桶，杯子筷子湯匙都掛在魚鱗板上。不過因為有陽光也通風，木作的櫥櫃少有發霉現象。

2｜傍晚點燈，大家各自看書上網，很有家的味道。

3｜冬天可以用來取暖跟暖水的自製壁爐，與木牆之間用土磚隔開保護，煙囪穿出室外，是冬天不可或缺的保暖物。

4｜經過濾過的井水，再倒到玻璃壺裡，裡面放有備長碳及天然石頭，就成了飲用能量水。

5｜門口旁的窗戶，幾乎都不關。網室裡會有蚊子，但不多，睡覺時用蚊帳保護。

6｜從門口往裡面看去，深度約 20 公尺的網室，空氣就靠前後的門窗流通。前段是客廳與廚房，後段則是廁所在右、兩間房間在左。隔間都沒有做到頂，所以房間並不悶熱。廁所緊臨窗戶，因此也不太會有異味跑到書桌這一區。

7｜另外三間網室，分別是木工工作室、倉庫及教室兼客房（目前江萊是主要常客）。

8｜寬敞的浴廁，有書可看、有自己做的吊燈，十分適合「久坐」，不過偶爾貓咪會站在高處冷眼望著。門口貼滿許多溫暖的小語，其中這句話：「人與天地萬物和諧相處，就是美好生活。」看似簡單但仍須努力去實踐。

土地。他們和朋友借款，工作室的案子也開始有進展了，足敷購買材料與木工的各式機具。

他們決定以最省錢的網室結構，在最快的時間內搭出一個家。仲仁向地主借了一台中古怪手，很有效率地挖出地基，然後以亞管、塑膠膜搭配黑網當房子的主體，兩側垂直面則用木屋的基本工法魚鱗板結構、內部用二手木料隔間，大概一個月的工作天就把新家與工作室搞定。

「很多人都問我們，住在網室裡面堅固嗎？會熱嗎？」代賢說，「從完工到現在，已經三年了，歷經至少十個大小颱風還有梅雨季，但家裡的電腦和書本都沒有壞。不過，到了夏天正中午，這裡就真的很熱，尤其是今年，中午的時候感覺太陽是從網縫中灑下來的。至於下午與早上，還有其他季節，網室其實都還蠻通風的，冬天甚至會冷，需要用壁爐取暖，我想應該跟網室屋的材質有很大的關係吧。」

說也奇怪，房子四周包圍著樹林與草叢，木玫瑰攀爬包覆整個網室屋，通常螞蟻會沿著藤蔓四處找吃的。但是廚房就位於門口旁邊，卻沒看到螞蟻與蟑螂。網室與戶外之間除了墊高外，沒有關門、也沒有裝紗網，或別的預防措施。代賢家有二隻貓，把蟑螂當成零食解解嘴饞是有可能的，但為何沒有螞蟻呢？「可能我們都吃蔬食，而且也不常吃甜食！不過之前是有出現過一、兩次螞蟻的路線，不過我對牠們說，請求牠們到別處覓食。這方法似乎有用喔，後來就較少看到了！」

6

1

7

2

8

4

3

5

1

代賢也會稱讚植物，因此門口的植物與屋頂上的木玫瑰都十分旺盛，「任何一切都需要愛與尊重。」代賢說。

網室蓋好之後，夫妻倆參加了由國內團體舉辦的身心靈結合綠建築的課程前去美國，實地參訪當地的自然建築，於是回來之後，就更有信心朝夢想前進。仲仁從國內外網路書店買了好幾本自然建築的ＤＩＹ指南，結合自己之前的蓋屋經驗，從做中學、摸索出自然建築的樂趣。「其實每個人天生都會蓋房子，只是現代的建築工法，依賴太多機械，讓人覺得遙不可及。自然建築有趣的地方，在於它沒有一定的答案及規範的工法。」

光是土壤，美國的土壤跟台灣土壤的成份與濕度必然不同；還有材料，美國的白楊木與松木佔大宗，但若真要達到減碳與在地資源的活用，當然是以台灣容易取得的木料為主。有的時候，書上提到用來混和土壤、泥沙與麻絨的小道具，在台灣買不到，就想辦法自己做，用竹子削出類似竹筌的型態，也一樣有攪拌效果。自然建築的精神之一，就是不拘泥形式，依照現況與實際經驗來做機動調整，有動腦、有實驗、有分享才有樂趣。如果今天有人到美國上了自然建築的課程，之後回國就要求要與美國老師操作過程「一模一樣」，那就變成「建築專業技術」了。

喜歡變化與實驗的夫妻倆，房子的四面牆都用不同的形式來建構。「雖然房子的座向基於取景考量，必須座西南朝東北，不過我盡量用牆面材質來確保房子冬暖夏涼。例如南面與西面用會吸熱的磚牆與土牆，這樣冬天時可以吸熱、隔絕寒冷，到了晚上

1｜走過網室之後，映入眼簾的是這間讓人十分讚嘆的手感自然屋！

2｜仔細看，會發現東面牆上塞滿了木頭斷面及玻璃瓶，是斷木黏土牆（CORDWOOD）的工法。

3｜東面的日照不多，而且房子對面也還有另外一間網室遮住，用大量的木頭斷面，可以調節室內的濕氣，並增加表面的質感。

4｜這是東面牆在施工過程時的紀錄照。底部的牆砌好後，上面先立窗框，再繼續穿插木頭、玻璃瓶及黏土。

4

3

2

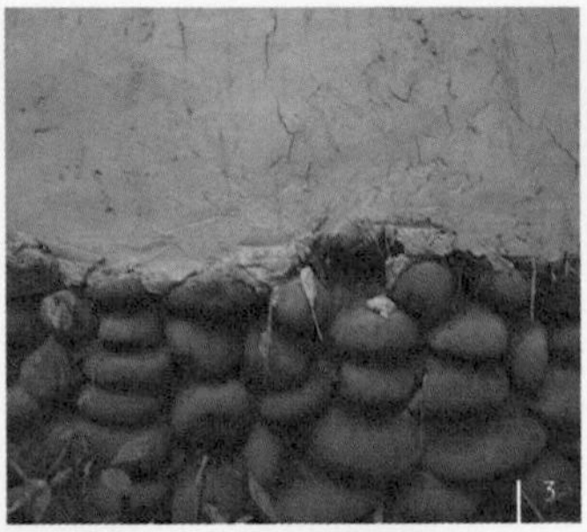

就會慢慢釋放熱氣出來。夏天的陽光角度比較高，所以我讓屋簷突出四十五至六十公分遮夏陽。」仲仁說。

在蓋自然建築的同時，夫妻倆的空間設計與木作傢俱案也變多了，因此房子的進度緩慢，有時還會一段時間都沒法動工。不過在製作和堆砌土磚時期，他們還是不忘邀請大家來參與，甚至與學校合作讓學生實際參與。「不過人多不一定進度快，主要還是著重在玩泥土與體驗，做工的紮實度就要看個人了。所以後期要細收的部分，就自己做。」至今木架黏土屋已完工接近百分之八十，除了局部門窗與水電配置外，就剩下室內佈置陳設了。

八個月前，他們遇見江萊（Waiji）這位陽光型的年輕人，邀請他加入名為「風中之星」的這棟家屋，工程進度於是加速進行。「我們真的很像螞蟻，每天忙進忙出、扛東西、捆稻草、自己攪黏土，雖然我跟仲仁還有江萊體格都不算高壯，但我們很勤奮喔！要從平地自己動手蓋房子，如果沒有熱情與決心，是沒辦法做到的，我說真的！」代賢想了一下，又說，「其實，要很感謝小時候物質匱乏的生活環境，不然我應該很難想像房子可以靠自己蓋。因為小時的背景，讓我有能力和勇氣用雙手做現在的事。」

雖然目前還在慢慢還款中，自然屋的室內也尚未完工，但「風中之星」這幾年已走出自己清楚的特色和明確的理念，因此各方面都更成熟、穩定。「我深深相信，只要我們決心去做一件事情、願意敞開心門和更多朋友分享一些好點子，整個宇宙的資源與支持就會源源不斷地出現。」我很榮幸也能成為代賢信念實踐的其

7

8

6

中一個小小環節——當代賢詢問可否介紹高雄提供舊料買賣的地方，因為他們在屏東海邊打算也蓋一間木架黏土屋需要舊材，於是我請代賢向本書另外一位屋主高傑詢問舊材廠。致電舊材廠時，他們正在拆一棟老舊倉庫，仲仁與代賢於是火速趕到現場，當怪手正準備拆最後一棟時，被仲仁即時阻止。他們拆下完好無缺的三角桁架，因此海邊小屋很快就有屋頂了！

1｜南面牆的下半部是堆疊的卵石、上半部是磚。卵石牆由下到上越來越瘦直，越接近地面則越寬，目的是希望能夠讓牆站得穩。

2｜仿照廠房的太子樓概念，玻璃處可以使積在尖頂的空氣更熱，當熱氣散逸就會帶動氣流、又可以採光的小屋頂。

3｜很喜歡這樣的畫面。黏土與卵石，一些稻草探出頭來，美極了。

4｜為了減低冬天時北風吹進來的量與低溫，將大門盡量縮小，且用木底土牆當做遮擋。土牆與木底板之間，是用塑膠網或鐵網來當黏土的固定介面。屋頂原本打算鋪芒草，但屋頂斜度不夠，擔心芒草的腐爛問題，改以油毛氈為底、再種植木玫瑰。

5｜西北側角落的牆面凹凸造型，是待黏土牆乾掉之後，先打底線再用鏟子跟鑿子挖出來的。

6｜西北側的角落。隔了兩個月就隔出一個樓板了，二樓使用鋼鎖，緊扣著樓板底部的橫向角料，就可以減少地板振動率。

7｜代賢用混好的水泥＋紅土填充木頭與木頭之間。

8｜最上面的柱子最長，受限於高度與重量，只能用怪手搭配人力推進去。

5

3

1

4

2

7

6

8

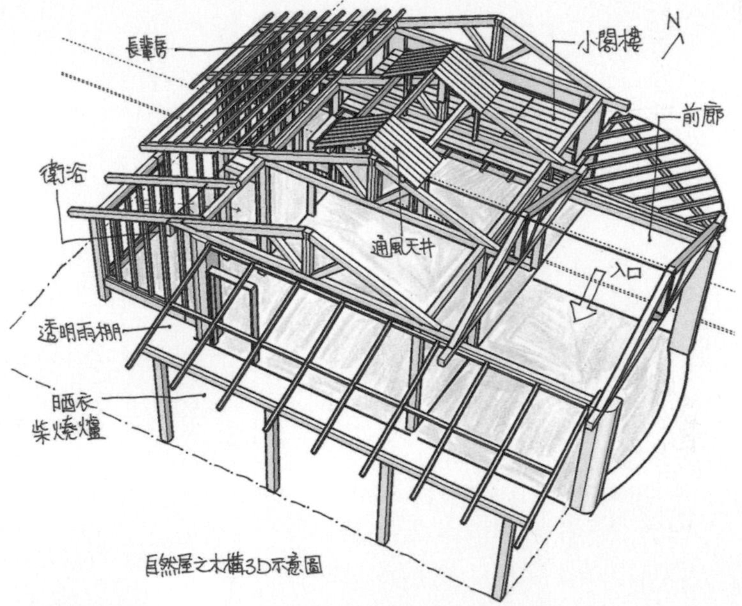

自然屋之木構3D示意圖

蓋自然屋，對代賢與仲仁而言只是邁向理想目標的中途而已，他們還有一個終極的目的。「過回古老印第安式的聚落生活，期望在多年後能有一片廣大土地，邀集理念相同的親人朋友，自給自足。孩子在智慧長者和自然土地上學習、成長。老有所終、壯有所用，過一種順應自然、落實環保、提升靈性的簡單生活。我們現在已經開始練習這樣的模式，姪女常常參與我們的生活，媽媽時常來玩，弟弟也一起在工作室工作。」這樣自給自足的社區模式，在古巴及瑞士 Dornach 已行之有年，以「照顧地球、照顧人類、分享多餘」為宗旨，在此誠心祝福代賢與仲仁能夠在台灣及早實踐！再過幾個月一定會再去看看房子有什麼新進度囉！

1｜仲仁戴安全帽在牆上打磨，因為被噴到臉會很痛。

2｜北邊的牆都是用厚達 30 公分的二手舊木料，一根一根組裝上去。

3｜預防日後龜裂，木頭兩端都用方形鐵紮緊。

4｜木頭與木頭之間，鑽孔並用鐵鎚把 4 分鋼筋敲進木頭，仲仁試圖從垂直線及斜線兩個角度，讓木頭與木柱之間牢牢串緊。

5｜房子的東南面，目前代賢一家人在此用午餐，十分涼爽，搭配直立窗及戶外的綠意，是氣氛極好的用餐空間。

6｜自從木架黏土屋蓋好之後，午餐都移師到這裡，因為網室那處，中午實在太熱了。

7｜從二樓往下看房子全景，將來代賢會用傢俱區隔出不同的空間。

8｜屋頂是採雙斜，不過東段與西段不同斜向。仲仁將兩個桁架相互垂直後，再去調整細部的接法，接縫處需妥善鋪好油毛氈，減少漏水機率。

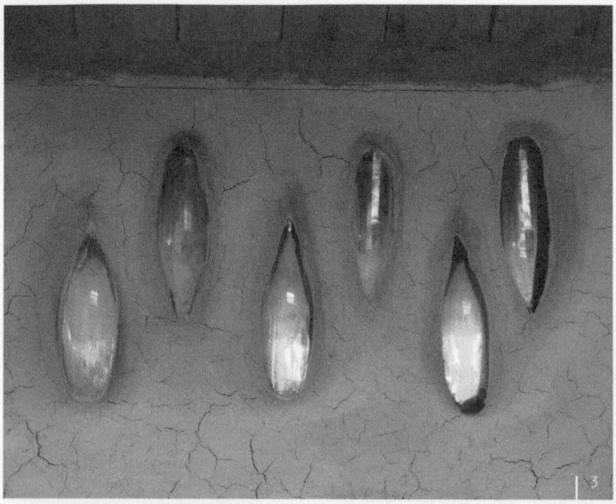

1｜從東側看往西北角落，白天只要依賴天井的光線，就足供室內照明。

2｜第一次去的時候是六月初，房子已經停工一段時間，室內地板長出雜草嫩綠，反而顯出味道。

3｜陽光透過水珠般的玻璃瓶漫射進來，帶著迷人的海洋光線。

4｜代賢坐在房子裡面，透過空間感素描出將來家裡與門口的佈置模樣。

5｜拼貼的海洋藍水滴在土牆前顯得特別華麗。

6｜運用鋼筋、舊料及漂流木組成一樓的書架，仲仁說書架之後會安裝底板，階梯則是另外設計。中間的原木是仲仁與代賢特別去海邊撿的，長度正好與房子高度一致，代賢直呼幸運。

6

9 預埋管線

10 立柱。通常是一個人扶著柱子，仲仁再以怪手確認穩固與堅固性。

11 在水泥基礎上穿孔、灌植筋膠，再於柱基與水泥基礎交接的兩側都鎖上 L 型固定金屬板。

12 預先敲出樑柱之間的卡榫處。

13 將事先釘好的桁架，以怪手吊到柱子上方。因桁架不夠長，故桁架左右各加一片木板再以螺絲固定。

14 木結構搭好了。除了結構體的四根主要立柱是實木柱之外，其他都是再利用的舊料。有些比較短，就用許多螺栓多重鎖緊。

15 工程告一段落，代賢與仲仁在屋架上吹風休息。

16 桁架都架好之後，開始釘屋頂底板、再鋪油毛氈。

17 割了一整台貨車的芒草，去頭去尾、曬乾。

18 乾掉的芒草本來要做為房子的茅草屋頂，不過仲仁發現屋頂不夠斜，不容易排水，最後決定放棄、移走芒草，將來直接種木玫瑰使其自然攀爬在屋頂上。

木架黏土屋蓋屋過程摘要

1

內心默默跟土地說，要開工了，會以友善的方式對待它，祈求順利。

2

仲仁試做結構模型，確定木構造的穩定度。

3

放樣、打樁、開挖深約 60 公分的地基。

4

仲仁與姪女試綁 3 分鋼筋作為基礎，底部 60×60 公分、上部 40×40 公分。

5

將綁好的基礎套到定位的木樁上，這些將來就是木構造的木柱子的基礎。

6

仲仁自己混水泥：砂：級配 ＝ 1：2：3，然後倒到模板裡去攪拌。

7

下半部基礎乾掉拆模之後，上半部要再做一次同樣步驟。

8

接著在柱子基礎之間，以四根 3 分鋼筋綁成地樑，內側靠外的一側堆砌卵石再填水泥，幫助承重。

牆面黏土材質的混合體積比

經過幾次的失敗和實驗，以下是他們歸納出來、各種土牆的體積比例。不過還是要視所選用的土壤，是否有被混到砂，再另行調整。

1 | **東面牆——房子正立面的木土牆（Round Cordwood）**

砂：水泥：石灰：木屑：紅土 =3：1：1：1：1

木屑在此是使用檜木屑，用來增加熱脹冷縮的空間，以搭配木頭的收縮比。紅土則是用來染色。

2 | **西面內側土牆——房子西向內側的一面，是厚達 30 公分的土牆。**

紅土：土：乾稻草：石灰 =

1：4：1～2：1/3～1/2

3 | **西面外側抹表土——要在不鏽鋼紗網表面塗佈表土，需要具有黏性。**

土油砂：黃砂：稻草：石灰：糯米糊 =

2：1：1～2：1/2：1/4～1/2

糯米糊，就是將糯米打成很細的粉狀，100 克糯米粉約加 500 克水，然後煮成糊狀。

木底鐵網土牆房

在主棟後方再加蓋兩個小房間，一個當衛浴廁所、一個當長輩房，給仲仁媽媽住的。

立了四根斜跨主棟的大型木柱。木柱底部挖淺槽，因為要做離地的木地板。

江萊用電鑽搭配傳統木槌，卡榫搭配螺絲，很俐落地在半天時間內就把地板底樑固定。

牆面的木底板大致完成後，就要在內外兩側釘上鐵網。

將糯米打成很細的粉狀（如藥粉般細才行）再加五倍的水小火慢煮使呈糊狀。

糯米糊與土油砂、黃砂、稻草、石灰放到攪拌器內混均勻。

將混勻的表土抹在鐵網上，因為有稻草及糯米糊，表土十分黏稠，可以輕易附著在鐵網上。

前一個月才完工的小房間，是要給仲仁媽媽住的，有非常可愛的古早開窗，把窗框往外推，再用桿子抵住。

代賢在媽媽房間外牆做了一個握感十足的立體 icon。

將來會當浴室的空間，代賢在牆角畫了樹林。仲仁說，表土乾掉之後會硬化，即使水潑到牆面，也不用擔心溶解。

從浴室門口，透過改造的「鐵雕窗」看主棟室內。

從母親房外面看往浴室房間。

母親房與衛浴緊鄰著鄰地田埂，房子與田地之間是原有的灌溉渠道，沿岸種了香蕉與鞍樹，可以調節西晒的熱氣。

土磚製作

西面牆上半部使用的是土牆，使用磚模慢慢堆疊成牆。土牆的部分很適合找大家一起來協力，小朋友、國中生分批來參與。不過後半期就由仲仁及朋友自行完成。

用挖土機幫忙攪拌紅土和稻草。（稻草長度以 20 至 30 公分最佳。）

紅土與土、乾稻草、石灰混和之後，放入土磚模裡面使之風乾成型。

在土磚上面戳洞，讓土磚內的水氣容易散逸。

土磚堆疊好之後，再將土磚之間的細縫用同一黏土糊成一體。

小朋友在黏土堆裡面笑開懷。

仲仁的同學也來幫忙，號稱土磚五人幫。

零耗能加熱法

2013 年底再訪木架黏土屋，已經規劃出廚房、工作桌、起居及臥室等空間，並在房子中央加設磚造柴爐。

卵石矮牆製作

西面牆下半部使用的是卵石矮牆，不過它不是難度很高的手工砌牆，而是用水泥當黏著劑，以確保承重安全。

確定卵石矮牆的高度，把板模綁好。

板模與兩邊柱子及底部加以固定。

將卵石由大到小排列成由低到高。

自行混和水泥：砂：級配＝1：2：3。

將水泥灌滿在模板之間。

水泥還沒全乾，就要趕快拆模，（最好隔天早上就拆模。）再用水沖洗卵石表面，把水泥渣沖掉，這樣卵石牆看起來較自然。

起居空間非常隨性，最吸引我的是窗邊讓人小憩的吊床。

北面臥室外牆與開窗。

木架黏土屋外觀與完工時的模樣近似，屋頂最後鋪以椰纖材質的建材毯做為表面防護（底層為油毛氈）。

自然材再利用

順著自然的韻律過日子

飄雨　飄到臉上
看那邊的霧　看鳥飛
晚上／躺在那裡（指著屋頂）　看月亮
然後　睡覺
就是這麼舒服！

摘自吳德淳導演的《愛真》影像詩，是七歲時的愛真，在屋頂上玩耍時的隨口詩語。

※ 本篇部分照片由受訪者及 Davis 提供，特此致謝。

family story

屋主 / 阿忠、怡文
影像詩 愛真的哼唱 / http://www.youtube.com/watch?v=zSTuthki4LM

取材時 2010 年 8 月 / 阿忠 42 歲、怡文 41 歲、愛真 8 歲、阿寬 3 歲
來到水里承租古厝 / 1993 年
蒐集拆除的木料 / 1993 ～ 1995 年
親手蓋房子 / 1994 ～ 1996 年

house data

阿忠與怡文的家
地點 / 南投縣水里鄉
建坪 / 一樓約 20 坪、二樓約 12 坪、二處閣樓約 5 坪
建材 / 舊木料、河邊泥沙

從阿忠那裡回來之後，就一直想念著愛真。

之所以會來阿忠家，是因友人 Davis 在一次機緣下與阿忠的妻子怡文相識，大夥兒聊到阿忠家很特別，引起 Davis 的興趣。怡文那天雖然外宿，還是大方向 Davis 報路，「房子沒有鎖、也沒有門，走進去就是，就當自己家，隨意！」Davis 跟我描述那天晚上他與朋友借宿所見，即使突然拜訪，家裡擺設一樣有型，真是優雅兼氣質的房子。

不過等我約好拜訪的當天，怡文已出國進修瑜珈近一個月，阿忠讓兩個孩子愛真與阿寬自由地在屋裡追趕跑跳，當然不會有什麼優雅或氣質擺設，但反而有著孩子們的率真自然與調皮氣氛，負責拍照的 Davis 很快就淪陷，以鏡頭拍下他們的瘋狂行徑。媽媽再過一週就會回來，Davis 問姊弟倆，會不會想媽媽？愛真立刻點點頭，阿寬則是故作堅強的搖頭。

在家裡出生的孩子

今年八歲的愛真與三歲的阿寬，都是怡文在這間房子裡自然分娩生下的。「在得知懷孕後，我們就一直認為會在家裡生，頂多找助產士，完全沒考慮過去醫院。不過也不敢跟親友長輩講，他們一定會擔心與反對。記得愛真出生當天，怡文媽媽還打電話來叮囑一些懷孕要注意的事情，我們還要故作鎮定假裝沒事，因為我們希望寶寶剛出生的這幾天，只有我們和寶寶獨處。」

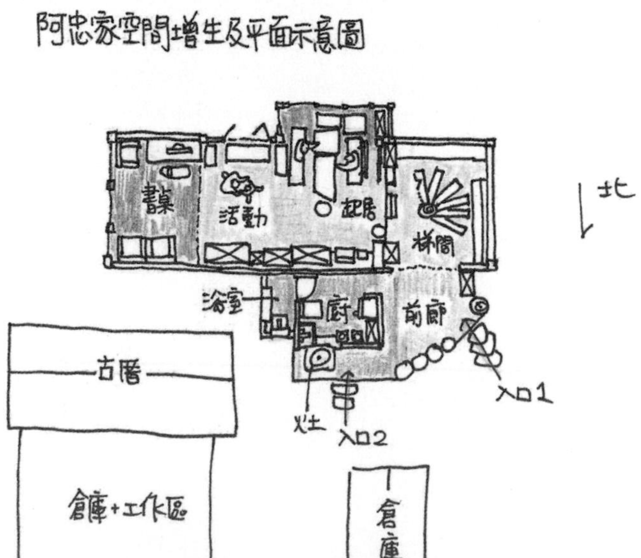

1｜阿忠的家，是復健過的。歷經九二一地震、傾斜 15 度後再拉正，有些窗戶已經與窗框錯位。

2｜前往房子的路上，會先經過阿忠的木料倉庫，裡面擺了許多上好木頭，都是阿忠的創作素材，有些藝術家或裝潢行也會來跟阿忠購買。

3｜阿寬躲在角落的石階上，準備突擊 DAVIS。

4｜房子周邊的土地，有著阿忠做給孩子們躲藏嬉戲的堡壘，左側的小鐵盒還身兼曬衣架功能。

5｜阿寬的鐵馬。仔細瞧瞧，若噴成白色或黑色，就像極了國際間吹捧的新銳玩具設計。

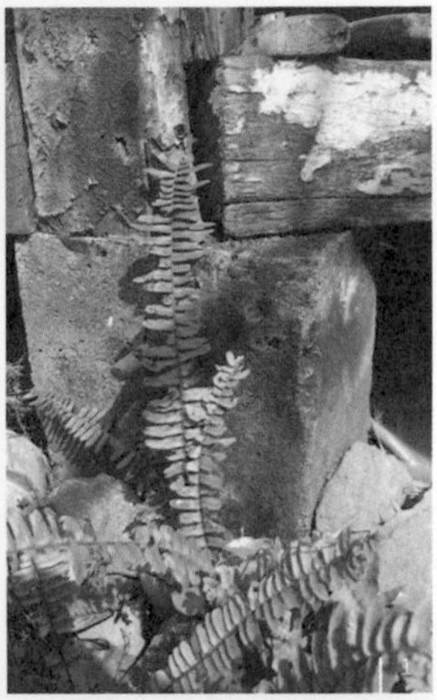

愛真出生當天，怡文原本在二樓，阿忠在一樓釘窗戶、防止冷空氣進來，準備讓怡文在一樓生產。當怡文感覺到羊水破了，她跟阿忠說要生了，當時阿忠窗戶還沒釘好、又要聯絡助產士，竟慌張地跟怡文說：「等一下……」怡文好氣又好笑，哪有人連生小孩也要等？只好低頭跟肚子裡的愛真說：「等一下，我們到一樓生喔！」她感受到本來準備出來的愛真似乎又平靜下來，到一樓之後不到十分鐘，愛真就出生了，那時從埔里趕來的助產士還在半路上。助產士抵達後，正好可以處理怡文意料之外的植入性胎盤*問題，好在順利解決了。

房子的寶貝

愛真和阿寬，不但是怡文和阿忠的寶寶，也是這間房子的寶寶。他們來到這個世界，所爬、所觸摸、所看到的空間，就是這間房子的溫暖黃光、厚實又陳舊的地板，以及自然風和周遭的一草一木。

儘管阿忠建造的螺旋樓梯間距頗大、儘管屋脊和屋簷都沒有欄杆、儘管他們的房間和寫功課的地方都是懸空的，但他們姊弟倆可以飛快地在樓梯間嬉戲跑跳、在屋頂上飛簷走壁。這間房子是有生命的，它透過樓梯、地板與牆，保護著阿寬與愛真；與孩子一起嬉戲，可以明顯感覺到房子的心跳跟著他們一起脈動，很難想像將來若他們長大離家，屋子會如何凋零與心疼。

單車環島後　決定落腳水里

蓋這間房子的時候，是阿忠二十六歲時，在這之前，阿忠有如漂浮不定的風箏。「退伍之後，我從事過鷹架拆除、水果批發、賣茶壺等生意，內心一直處於浮動狀態，」阿忠邊泡著墾丁港口村的武夷茶，邊跟我們聊著，「於是我決定買一台二手腳踏車去

1｜木結構就這樣放在水泥基柱上，基柱上有螺桿的痕跡，但已不見與木頭相扣的連結器。

2｜房子的另外一個入口，是經由廚房的爐灶區。

3｜在廚房做菜的阿忠，今天有人客，用瓦斯爐炒比較快。

4｜電箱與電線桿就佇立在房子入口一側。

5｜離房子有一段距離的高腳茅房，真的是在地板中間挖一個洞，下方有個桶子承接。

6｜吃飽之後，阿忠又煮了非洲野生咖啡豆，充滿野性自然的味道，就如同阿忠一家人。

*植入性胎盤：子宮與胎盤之間無緩衝之蛻膜，當子宮收縮要把胎盤娩出時，容易造成子宮動脈受到拉扯而大出血、危及生命。

環島，那個時候也沒帶地圖，只收拾簡單衣物就出發了。」那是將近二十年前的事，當時尚未興起單車環島。阿忠往東岸騎，騎到台東縱谷一帶，內心就已經暗自決定，將來要住在有山、有樹的地方。「好像是在蘇花公路上某段隧道吧，總之，我從台東往北騎啊騎，遇到一條隧道。那時候的隧道並沒有鋪柏油，隧道的壁面也是開鑿的凹凸表面，不像現在都用水泥收得平平整整的。我沒有手電筒，裡面比黑夜還要暗，是全然的黑、全然的無聲。我緊貼著帶著濕氣的山壁，如盲人一般，以手當觸角，一手摸著山壁、一手牽著單車，好慢、好黑、好似永無止境，那時內心所面臨的恐懼與未知，是如此真實與直接，當你看到隧道末端的小光點時，會不由自主地加快腳步。走出隧道，恍如隔世。」從壓縮、黑暗、獨自面對恐懼到重見光明，這段隧道的經歷，事後阿忠回想，猶如某種形式的重生。阿忠接著騎到花蓮，鞋子磨破了，赤腳騎經台北、新竹，然後往南經過水里，遇見一位陶藝家。陶藝家答應教他做陶，於是回到屏東之後，跟妹妹借了三千元，帶著一只皮箱，再次回到水里。

房子歪了，拉正就好

現在阿忠蓋房子的地是租的，地主是一位留日的性情中人，後來過世、地由兒子承繼，兒子同意讓阿忠續租。「當時憑藉的是國小曾在頂樓偷蓋木造鴿舍的經驗。如果當時我爸媽發現時，

1｜從石階上看廚房一景，鍋碗瓢盆直接掛在室外晾乾。

2｜阿忠一家通常都用燒柴的方式煮炊。所以阿忠常自嘲，別人吃飯很容易，他們吃飯就要等很久。

不是把它拆掉，而是鼓勵我朝木作方向發展的話，我可能在高中就有辦法自己蓋房子了。總之，我抱著姑且一試的心態。當時我偶爾打些零工、幫人家拆房子，就順便把拆下可用的舊料留下；又背著竹簍去溪邊挖砂石，自己攪拌成水泥做地基；然後再把木柱與地樑放在水泥基柱上。」經過現場確認，阿忠所謂把木柱「放」在水泥基柱上是真的，木柱與基柱之間，只用鐵環連結器相互扣住，有的甚至沒有連結器，只是單純放在上面而已，實在有些不可思議！

蓋了兩年，終於完工。

「九二一大地震時，閣樓放了一堆書，造成房子頭重腳輕，整棟屋子傾斜十五度。」

「那怎麼辦？有重蓋嗎？」

「沒有啊，把它拉回來就好。我用三條鋼索，固定在房子的三根柱子上，然後對邊綁在東向的三株老梅樹上，慢慢勒緊、慢慢拉正。」阿忠泰然地說。

把傾斜的房子拉回來，別人聽起來也許會很訝異，但對阿忠來說卻是理所當然，壞了就修、斜了就扶正。雖然有的窗戶已經錯位無法復原，但房子本身顯然還是很堅固，它繼續保護著一家人，經歷接下來的地震與颱風都安然無恙。

3 | 廚房旁邊就是浴室，易於集中管線。

4 | 房子靠山面谷，正面第一個入口就是半戶外開放的廚房，右側則是直接進入起居室與樓梯間的入口；左側是阿忠剛來這裡時住的古厝。

自然而然就會蓋了

「房子是慢慢長出來的。一開始只有樓梯間以及這邊的起居室，後來增加了廚房和浴室，然後阿寬出生，我又把一樓往東邊拓出一間、起居室這邊也往右邊再拓寬。我都是一個人蓋，包括屋頂的桁架，在立完八根最高的柱子之後，慢慢把橫樑架到高處。二樓還沒蓋好的時候，就遇到賀伯颱風，為了怕窗戶破掉，我趕緊把窗戶全部拆下來，讓雨水打進來，反正濕了之後就乾了。」阿忠說。「我以前是個批判心很重的人，腦子會自動對看到的事物進行分析與批判。當我在蓋房子的過程，感受到自己好像天生就會蓋，不必人家教，雙手自動會去敲敲打打，內心會放空，腦袋裡沒有雜訊，只剩下我與材料、我與工具、我與動作，那種感覺真好。至於錢，我倒是完全沒有考慮，很多時候就是你想蓋，資源就會自己冒出來。我當時只專注在工程的難易度、技術上的克服，若只擔心錢夠不夠，其實那是很大的障礙，我可能就蓋不出來了。所以人家問我花多少錢蓋這棟房子？老實說我真的沒有算過。」房子蓋好後，不少朋友看到，也委託阿忠去幫忙蓋，因此在水里一帶有不少阿忠的作品。

1 | 二樓梯間，是由兩塊板子架在半空中，大人較不易過去，是姊弟倆勞作畫圖、說悄悄話的地方。

2 | 愛真與阿寬，爭相在爸爸做的樓梯上表演各種高難度動作，大家越驚訝他們就越得意。

3 | 這是 DAVIS 捕捉到愛真從樓上飛奔下來的瞬間，愛真看著的是前方而不是階梯。雖然每階角度、高差、尺寸都不同，對愛真而言卻是再自然不過。

3

5

1

6

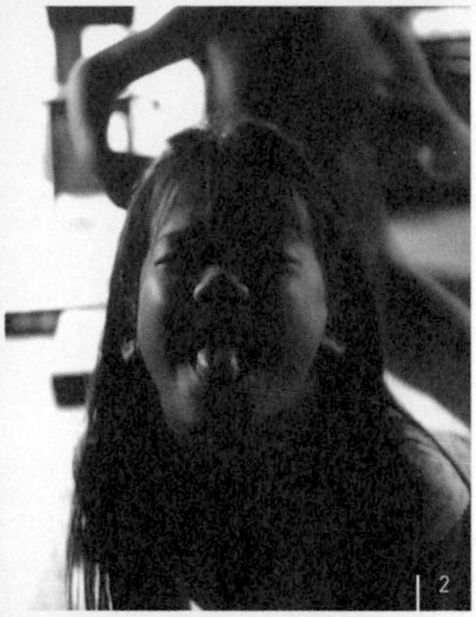
2

8

3

9

7

4

學著放下　讓孩子擁有冒險的自由

後來，阿忠透過朋友介紹，認識了剛從澳洲回來的怡文。怡文在澳洲時，曾待在某個自給自足的社區，那裡不論蓋房子或食物來源，都盡量自己來，「我在澳洲與一群生活很自在的朋友一起居住，他們都活在當下，認識阿忠後，我才很驚訝發現台灣也有人這樣生活。阿忠的房子和裡面的傢俱，都是他自己做的。那是從『裡面出來』的那種溫暖感覺。」於是，他們交往、結婚，在自己的家生小孩，都顯得再自然不過。

他們讓愛真和阿寬自由自在地奔跑、冒險，「我們不是放任他們去觸碰危險，而是教他們先學會觀察，分析可能的危險、提供資訊給他們，然後他們再自行評估要不要去做。」窗外有隻青竹絲就在梅樹上探頭探腦，愛真經過時只是隨口說：「那裡有隻青竹絲。」對牠沒有恐懼也沒有好奇，好像只是隨口介紹居家的擺設。

愛真會用鋸子鋸出一把木劍、照相機；阿寬會在樓梯上翻身擺姿勢，還會拿菜刀幫忙切自己從樹上摘下來的果實。就如同大部分的山上住家，蚊蟲比較多，但阿寬怕熱，包括我們到訪的那天，他衣服才穿沒多久，又央求老爸幫他脫光，即使蚊子叮得全身超過二十多處腫包，阿寬也不以為意。姊弟倆常又爬樹又爬屋頂的，「放手讓小孩去『冒險』，對父母來說是最難的。但從另外一方面想，我們這群經過現代化過程的成人，想要回歸自然、

1｜經過梯間走進室內，空間的區分由家具來界定，大致區分為用餐喝茶桌、小朋友的寫字桌，與電腦桌。

2｜兩個小朋友絲毫不讓 DAVIS 休息，地板被他們蹦蹦跳跳到不停震動，但阿忠只是坐在旁邊笑看。

3｜阿寬與愛真常在電腦桌與寫字桌之間跳來跳去，神奇的是，沿桌擺著的玻璃飾品與電器都不會被踢到。

4｜看完宮崎駿的《魔法公主》後，姊弟倆偶爾會阿席達卡上身，於是阿忠就做了兩把弓箭給他們。圖為阿寬正在捕獵 DAVIS。

5｜以上方的橫樑為界，阿忠所坐的地方是後來「擴建」的，橫樑則來自早期教室拉門的門框，是這間房子主要的樑的建材來源。擺設茶具的櫃子上方，貼著「神遊」二字。

6｜吃飽飯後繼續任由愛真玩我頭髮。窗戶的遮蔽，是自行釘上桿子後，再將朋友送的染布披掛上去即成。

7｜阿忠用料是很直覺的，不會硬性規定都要用同一材質，只要能達到相同的功能就好。

8｜愛真拿出心愛的印章給我玩，我們在門口矮桌上開始畫圖。

9｜阿寬口渴想吃蓮霧，就自己爬樹去摘。

重拾與自然之間的聯繫已有難度，而小孩子則是一出生就跟自然還保有連結，如果我們不去切斷這個連結，他們會很自然地一直保有這份關係。」阿忠也常帶孩子去游泳，從游泳池到海邊，讓小孩自行憶起游泳的方法。「有些人問說是不是該帶小孩去補習班，但我們覺得在這個年紀，大自然就是最棒的老師。小孩不是你的，他們是獨立的個體，有自己的特質，很多時候需要有覺知地與他們相處，而不是規範他們成為自己心目中所想要的那樣。」

順在韻律裡頭

中午，阿忠炒了一桌好菜，食材包括自己種的以及山上與海邊採來的常見野菜。「在這裡住久了，怡文和我不知不覺地順在韻律裡頭。就是說，凡事不用急，第一件事好好做完、再做第二件，不要做第一件時腦袋急著想第二件。譬如種菜，每當我們忙完、開始種菜時，隔天就會下雨，屢試不爽！真的，常常好幾天都是大太陽，播種的隔天就下雨了。當你把頭腦放掉的時候，自然就會順在這個韻律裡面，積極地接受自然的安排。」

目前生活主要支出，是孩子們的學費、貨車的油錢及夫妻倆出國進修的費用。主要收入則包括阿忠設計的木作家具與創作、賣給裝潢的實木原料、怡文釀製的有機醋和瑜珈課程。幾年前，阿忠買下地主旁邊的一塊地，並在上面用磚、土、泥要蓋出木構瓦房，不過蓋到一半就停滯至今。阿忠給了我們一片光碟，是吳

1，2｜從喝茶的起居室及寫字桌往房子南側看，是野放的庭院。可以近距離看到野生山蘇、蕨類，也有地主之前種的老梅樹。偶爾，會有青竹絲盤繞在枝頭。

3｜愛真很認真地寫著自己的名字，然後又在本子上畫一幅海底世界。

4｜終於開飯了，地點就在原本泡茶的地方，香噴噴的飯令人垂涎三尺，南瓜煮得又甜又爛、入口即溶。

5｜DAVIS 拍下在阿忠家過夜時的夜晚與清晨。鋪上棉被、拉上蚊帳，就是眠床。

6｜在室內與一樓屋頂之間爬進爬出，那裡似乎是小朋友的必經動線。

7｜二樓是睡覺的地方。媽媽不在家，顯得有點亂，不過絲毫不會影響我們玩樂的心情。

8｜隔年再訪時，怡文在家，與我們分享自製手工麵包、自種蔬菜及根莖類蔬食，右下方為川七的根，洗淨蒸過後沾芥末醬油非常對味。

4

3

1

2

8

5

7

6

2

1

4

3

6

7

5

1 | 飛簷走壁！愛真快步走在屋簷邊緣，被踩到的瓦片輪流發出噹啷聲。

2 | 這是阿忠在自己買的土地上蓋的房子。目前工程進度約三分之二，不過這幾年內心有股想要移動的渴望，房子進度處在停滯狀態，想把它賣掉。

3 | 蓋到一半的新房子二樓鋪有草蓆與棉被，偶爾會在這過夜或午睡。這裡蚊子比木屋那邊更多，阿寬立刻被叮了二十多處腫包，不過他絲毫不以為意。

4 | 愛真與阿寬的琴，每片鐵片的音調都不一樣。

5 | 這是阿忠另外釘給愛真和阿寬玩的遊戲平台，算是姊弟倆的戶外祕密基地。

6 | 斜屋頂的底板材質，有對剖的大竹子、一整根的小竹子及大小面積各不相同的木板，就看當時手邊有什麼材料。待底板鋪好之後，上面再鋪一層油毛氈，最後再鋪鐵板。阿忠的心得是，除非竹子烘得很乾，不然只要屋頂有濕氣，就會吸引小蟲吃竹子。

7 | 怡文釀的醋，我買了松花醋，五葉松的氣味十分強烈。

德淳導演在二〇一〇年完成的《愛真》，記錄了他們家幾年來的生活，內容十分溫暖、真實。

近期，阿忠正處於放空與休息的狀態，怡文不在，他也要負責接送小孩上下學、照顧他們，「直覺告訴自己又該動了。靠山久了，現在想靠海，最近正在墾丁一帶找地。」阿忠是很依照直覺行事的人，講話慢慢的，不太講理論與技術，倒是很喜歡講故事。在我們離開之前，阿忠又講了一個關於覺知的故事。

好久以前，有一位屠夫因長期屠宰豬隻，內心覺得似乎不太妥當，於是去找修行的老和尚。屠夫問和尚：「師父啊！我長期宰殺豬隻，覺得不太安心，是否該停止了呢？」

和尚說：「我不知道啊，你自己覺得呢？」

屠夫得不到明確的答案，悻悻然回去，繼續屠宰的工作。直到有一天，他真的受不了內心的愧咎，決定放下屠刀、不再宰殺動物。

其他和尚問老和尚：「他最後終究還是放下屠刀了，為何你不早點跟他說，這樣可以讓他少殺幾隻啊！」

老和尚說：「如果當時我就要他停止，那就變成我的決定，他只是照做。這次他停止屠宰，是他覺知到那是他自己的選擇，他真的放下屠刀，就是他為自己的選擇負責。」

山上的發桂家

被祝福的土地與房子

當你懂得呵護、尊重與讚美土地上的動植物時，你會得到相對回饋。發桂家的這塊土地與森林，即使是深夜，散發的仍是友善的氣息。發哥親手敲敲釘釘、機動調整，例如蓋到一半覺得衛浴長得像廚房，那就改成廚房等充滿直覺的決定，小屋宛如在故事一開始「好久好久以前……」就已經存在了。

※ 本篇部分照片由受訪者及 Davis 提供，特此致謝。

family story

屋主 / 桂子、發哥
部落格 / http://tw.myblog.yahoo.com/bless0904/（裡面有很多桂子設計的衣服，非常舒服好穿喔！）

取材時 2010 年 7 月 / 桂子 43 歲、發哥 45 歲
租下集集太平山兩層樓三合院 / 約 1998 ～ 2005 年
買下番路鄉深山的七分地 / 2004 年
砍檳榔樹、種上百株喬木 / 2004 ～ 2005 年
發哥蓋房子 / 2007 年 8 月～ 2008 年 7 月
補種果樹 / 2009 年 7 月

house data

發桂的家。Bless
地點 / 嘉義縣番路鄉
地坪 / 約 7 分地（2030 坪）
建坪 / 一樓約 15 坪、閣樓約 5 坪
建材 / 舊木料、玻璃

原本得意的以為，到過台東輝哥家後，應該不會有更難抵達的住家，沒想到這次拜訪桂子與發哥，開山路功力又再升一個等級，不論去程或回程，遇到不少「裂開」的路面，不但Davis與室友阿隆得下車減低重量，避免刮到底盤，其中有幾處高差太大，造成後輪空轉，更勞煩眾人一起推車才過得去。回程時更驚險，帶頭的發哥，開著十五年車齡的嘉年華也心有餘悸；在一次碎掉的高差路面，他油門踩太猛，好在手緊抓方向盤，要不然車子就要飛躍比佛利了。我試了三次仍然空轉，於是桂子領我們走另外一條路，終於回到平地。

如此路況，一開始也嚇到桂子。「當發哥第一次載我來看地時，半路我就嚇得要回家，不過發哥堅持要走到目的地。」桂子說，「還好有他堅持，因為到目的地時，我就愛上這裡了。這裡很安靜、又可以看到夕陽，成了我忙碌之餘的最佳充電地點。」

桂子從小就住在阿里山鄉里佳村的深山裡，國小之後因為唸書搬到嘉義市居住。「我父親會自己蓋竹子屋、媽媽會種各種菜給我們吃，玩具自己從大自然中找、碗盤筷子等餐具也都是自己做。小時候最期待的事之一，就是爸爸從城裡回來時，帶了好多糖果與包裝成一根一根的冬瓜糖水。」桂子美工科畢業之後，也許是自然的成長環境造就她隨性不拘的個性，她發現自己很難融入上班體制，「我大概換了十來個工作吧，常常做沒幾天就被炒魷魚了，哈哈……因為我覺得那些工作好無聊。有一次在餐廳當服務生被派去掃廁所，我竟然就在廁所裡面睡著了，還打呼咧！」

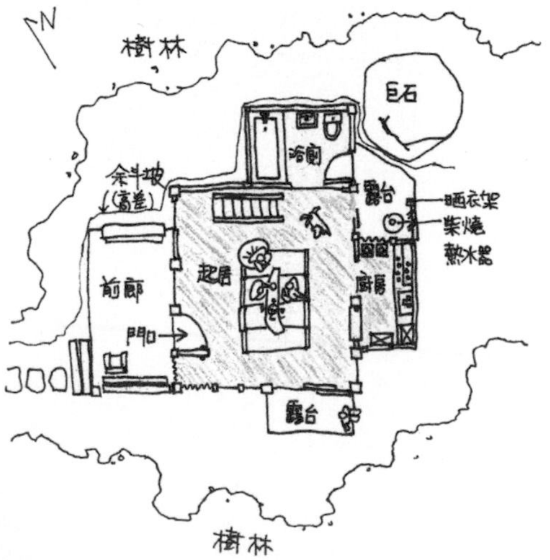

發桂家平面示意圖

番路鄉深山中，順著地形而建的發桂家。

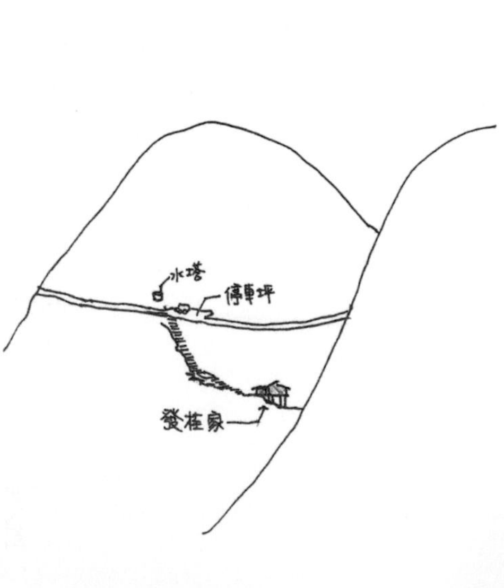

1｜從西側高處石頭上看房子的背面，每次當發哥要燒柴加熱洗澡水時，突起的煙囪就會冒出裊裊白煙。

2｜從小平台看廚房的小突窗，藍色小窗框還可以推開通風。

3｜枕木小徑與木平台搭配十分隨性，不過也創造出比較寬廣的逗留空間。

4｜房子位於地形低矮處，車子需停在較高的平地，然後透過發哥自己釘的木棧道走下來。圖中站在門口觀望的是狗狗豆奶。

5｜發桂家與右側的巨石相互交錯，宛如從巨石堆中長出來的房子。

1

2

3

工作幾年，不知換幾個老闆後，桂子終於接受自己不適合受聘僱的事實，跑去台北學習裁縫與服裝設計，找到她熱愛的方向。「我只要是做自己喜歡的事、而且自己當家作主，就會變成工作狂！我的手不停地動，打版、設計、編織……滿腦子的想法，手的速度趕不上腦子的速度，常常半夜都會醒來把想到的靈感抄下來。」她開始自己當老闆，而且她所設計的獨特服飾受到女性顧客的支持與歡迎，有的人甚至只穿桂子做的衣服。

在衝刺工作的同時，桂子也希望能夠有一處讓她能放鬆休息的地方，十多年前她與發哥租下嘉義梅山鄉太平山的二層樓老三合院，「三合院已經很多年沒人住，有點陰森森的，鄰居老太太還有些憂心問我們，真的要租嗎？這兩個年輕人是不是怪怪的？哈哈！」但是經過桂子與發哥的藝術裝置手法改造後，房子在保留原味時還更加有氣氛，他們每週會去住上三、四天，單趟車程就要一個小時，兩人甘之如飴。

不過，桂子承租的三合院除了建築物外，並沒有多餘的土地可以讓她種樹，與鄰居的距離也很近，她內心深處越來越渴望有一塊自己的地。租了七年之後，桂子與發哥開始在嘉義山區一帶尋地，沒看幾處，發哥就在嘉義番路鄉一帶，找到一塊他們負擔得起價格的七分地，坡地蠻陡的，而且還種了整片檳榔樹，發哥趕緊載桂子來看。雖然被路況嚇到，但桂子對山谷般的包覆地形感到十分滿意，發哥也請了一些懂地理的朋友來看，大家都說這裡很安全，最棒的是還有小溪穿過，「老朋友阿忠來看也說很喜

1｜煙囪蓋子是再利用的生鏽奶粉罐。

2｜Davis 巧妙拍下門口詩意的一景。波浪鍍鋅板與舊木料實在很搭。

3｜晚上的發桂家，被黑暗夜空給包圍，最近的一戶鄰居家則位在繞過一個大彎路之外。

4｜發桂家的門口一景，側面可以看到小平台。

5｜這種細波浪捲的鐵皮屋頂已經絕版，是發哥特別請鐵工廠訂做的。

歡，來到這就逕自走到樹林裡逛了，回來之後他說太喜歡這裡了，而且這裡是岩層地形，不會有崩塌問題，如果我不要買他就要買了。」聽到朋友這麼肯定，夫妻倆決定貸款買下這塊土地。

他們確定蓋房子的位置後，第一件事就是把周遭的檳榔樹全部砍掉，然後再種上幾百棵喬木的幼苗，像是樟、杜英、茄苳、肉桂、櫻、楓、楠、松……發哥甚至還把原本種在海邊的木麻黃的幼苗移植到入口小徑旁，沒想到木麻黃生長得很好。看樣子能夠在海邊生存的樹種，也許其他地方對它們而言都是天堂吧。

隔了兩年，土壤不再有檳榔長效農藥的汙染，種下的樹苗健康長大，表土的草也長回來了，應該可以蓋房子了。為了不要污辱這塊地的美，他們並不打算植入莫名的異國風格，當然更遑論如空降般的水泥屋大剌剌地「踩」在深山中。「小時候，我家頂樓有間小小的木造鴿舍，我可以躲在裡面一整天看鴿子、發呆都不出來，就像我專屬的祕密基地，小小的、很安全很私密。如果可以，我很想延續孩童時期的那種感受，而且是親自動手蓋。」之所以會考慮親手蓋，是因為發哥看了朋友阿忠自己一個人蓋出的家，心想自己親自上陣也許不是什麼難事？為了安全起見，發哥還是請了一位有工地經驗的朋友一起蓋，他們到現在都很感謝那位朋友，提供很多房子結構的經驗。

發哥花了幾個月的時間去找老房子拆下的舊料，蒐集妥當之後準備動工，沒想到一開始就困難重重。「光是請工人把那些舊

3

5

4

1

2

木料運到這裡，就翻車兩次，好在人都沒事，不過還要再派拖車來把車子拉回路上就很麻煩。然後在準備挖地基的時候，工人還被虎頭蜂叮到。」發哥回想說，「所有的衰事都在動工的前置作業發生，好像不太對勁。心想也許是因為我在動工之前沒跟土地知會一下，自己說開始就開始，還蠻沒禮貌的。所以我除了去拜附近的土地公之外，也來到工地現場，心裡面暗自跟土地說自己的計畫、房子可能會蓋什麼樣的形式，而且承諾不會傷害這塊地上的動植物。」

也許是土地收到了發哥的心意，接下來的工程就順利了，虎頭蜂還是在現場巡邏，不過卻沒再傷害工人與發哥。接下來發哥面臨的是溝通的問題。發哥腦海裡已經有房子的草圖以及大致上該要怎麼蓋，不過一起合作的友人卻開始想發展成自己的創作，光是溝通就要耗很多時間，一個月後，發哥不得不終止合作，決定剩下的部分自己處理就好。「自己蓋的好處是，你可以隨性調整，像是當我蓋到本來預計是浴室的地方，突然覺得它長得比較像廚房，於是就把兩個位置對調，調整出更適合的格局。」

我喜歡屋頂的材質，那是早期常見的屋頂，鍍鋅、細波浪曲線、霧面，時間久了，邊緣還會有薄薄的一縷鐵鏽。這種材料現在已經停產，發哥還特別去鐵工廠訂做。房子未經整地，地基柱順著地形高差而建，只有長短調整而已。房子的四邊長寬不等、地板也不是精準的水平線，但若發哥沒說，走在其中並不會察覺。房子蓋好之後，取名為「發桂家」，意思就是發哥與桂子的家。

1｜窗外的小平台，約一個榻榻米大。

2｜從閣樓看戶外平台，平台雖小，卻逕自形成一個與自然連結的美好空間。

3｜平台的高度離地超過一米半，為幫地板除蟲，發哥定期會在下方燒炭烘烤。

4｜其支撐是來自貫穿整間房子的三根地樑，因此下方不需另外的支撐柱。

5｜平台處的窗框用薄銅片包覆，色調與木料協調，但質感有些微差別。

房子的內外都有一種美感，尤其是那關鍵的戶外小平台，坐兩、三個大人就已經滿了，但卻是屋子與室外之間的連結地帶；它是呼吸的空間、晚上觀星看螢火蟲的空間、摸狗發呆的空間，也是發哥吃榴槤的空間。（這是拜訪當天發現的，這樣子室內的榴槤味會少些。）然而這裡的濕氣較重，木頭的養護比較不容易，發哥必須定期檢查木頭基柱的穩定度，「木頭若遇到損毀，再換就好，不過完工到現在都還沒換過，未來就不確定了。但是我深深相信，如果我發自內心愛這個房子，它會比較健康、耐久。」

他們原本打算在此長住，但後來桂子決定轉型、在市區開了店面，長住的計畫暫停。現在每週一是店面公休日，兩人載著孩子們（桂子的狗兒子奶茶、狗女兒豆奶）在週一早上就出發上山，週二早上再回到市區，「暫時只能這樣了，我真的很期待週一的來臨，尤其是轉型期間壓力還蠻大的，來到山裡面，對我來說就像呼吸一樣重要。」

日落時分，我們五個大人、兩隻狗，沿著小路散步，桂子沿途稱讚每一棵他們種下的樹：「哇！你長好快喔！瞧瞧你的葉子，又綠又大片！你好棒喔！」她是發自內心、大聲地對樹稱讚，並且還不時回頭對我說，兩年前還只是不到腰部高度的幼苗，現在已經快要兩層樓高了，眼神裡充滿欣慰與驕傲。桂子以她的樹為榮，並以讚美與愛幫樹施肥。沿途很多讓人驚喜的小花朵和植物，可是太陽很快就下山，山上沒有路燈，我們趕在夜晚瀰漫之前快步走回家。

1

2

3

晚上，我們就在小屋裡過夜。白天鋪著用餐喝茶的榻榻米，改變方式改鋪成一整列，於是成了我和室友、Davis 的睡覺空間，桂子與發哥則睡閣樓。這次只有蟲鳴鳥叫，沒人打呼，很快就進入夢鄉，偶爾醒來發現奶茶一直想跟我們擠，只好把牠推開再繼續睡，就像每次在鄉間住宿的經驗，只要短短的睡眠就飽了。

隔天早餐是美味的手工麵包，我們聊到國內的主流居住模式，「有些人可能在求快、求便利之中，忘記了自己想要什麼吧。家中陳設幾乎都是千篇一律，來到客廳一定會看到電視、電視櫃、

1｜這個空間原本預設為衛浴空間，但發哥蓋到這裡後，覺得這裡「長得像廚房」，於是臨時調整水電與置物。

2｜賢慧的阿隆正在幫忙桂子準備晚餐，兩個小瓦斯竟也可以煮出很讚的韓式大雜燴麵。

3｜發哥正用小木桿撐起廚房窗戶。

4｜在這裡用餐就靠這兩個小瓦斯爐了，瓦斯爐的牆面改用鍍鋅鐵板，油垢比較好清理。

5｜廚房窗戶是水平斜開，用一根木桿頂住即可。發哥說這種窗戶最好做，不需要軌道也不用做鎖扣。

5

4

1

2

4

3

1 | 吃完飯後，奶茶與豆漿正在等待美食，可惜媽咪堅持晚一點再給飼料。

2 | 從大窗可看到三景，樹林自然景、房子的景、大窗中的小窗中的廚房之景，從早到晚風景一直變化。

3 | 天花板不但挑高、而且雙斜屋頂之間也有高差，可以讓室內的熱空氣散出，增加空氣流通。

4 | 發哥說，虛與實是並存的，有虛就有實。如同 Davis 在窗戶中捕捉到的影中倒影。

5 | 從主空間看放柴爐的平台，那裡也是晒衣服的地方。

6 | 主空間十分彈性，我們用餐的桌子本來擺在旁邊，鋪好榻榻米之後，就可以把這張有可愛桌腳、不會傷到榻榻米的餐桌擺上去。

6

5

電視牆，然後就是玻璃酒櫃、沙發，永遠都是那樣的擺法、過度的裝潢。」桂子說，「居家生活本該是藝術，它是最放鬆的、寵愛自己的，是自身對美與創意的發想。」桂子也將這樣的觀點融入她的服裝設計。她設計的衣服講求舒適與質感，雖然屬於中價位，但布料透氣舒服、剪裁立體，試穿之後，我忍不住跟她買了幾件，祝福她轉型越來越成功。

每週一的山中小屋之旅，幾乎都有不同朋友跟著來小住，發哥也正在評估是否要再於附近另一個平坦處蓋另一棟房子。那邊有一塊大石頭，若要蓋的話，可能會把石頭蓋到室內裡、成為牆的一部分，那樣房子應該很好玩，十分期待！

一週只來一、兩天，其餘時間就會有好奇的鄰居跑來看看，這也是住在大自然裡一定會遇到的狀況。蝙蝠、果子狸、松鼠都是這裡的常客，「曾經有猴子進來，把房子裡的東西翻過一次，我們之所以知道是猴子不是人，是因為牠還大方地留下便便做記號。」拜訪那天，當我爬到閣樓裡面時，桂子還要我稍微留意窗框，「上週來住的時候，閣樓窗邊有一隻小赤尾青竹絲住在那邊，妳可能要小心一點，不要嚇到牠、也不要被牠嚇到喔！」我秉住呼吸仔細搜尋，不過青竹絲好像已經換地方住了。對我來說，桂子讓毒蛇住在房子裡的決定，真的很震撼，比較有良心的屋主可能會抓起來，拿到外面放生，而更常見的是直接打死。「呵呵……那是因為牠還小啦！而且我們也不是每天在這裡住啊。」發哥則是覺得蛇有一股靈性的力量，他以前打死過一隻，十分後悔，後來看到蛇都不打了。「我們現在看到蛇，會以尊重的方式跟牠溝通，在心裡面跟牠說我們在此生活、不會傷害牠，也希望牠不要打擾我們。說也奇怪，現在越來越少看到。倒是聽親戚說有一位住在山裡的阿伯，他很討厭蛇，只要看到蛇一定殺，甚至想到各種誘蛇殺蛇的方式，結果他反而常常看到蛇哩。」桂子也以同樣的方式與螞蟻溝通，當然廚房也不能有任何螞蟻碰觸得到的食物或甜食，結果屋子裡沒半隻螞蟻，即使是廚房也沒有。

8

7

6

11

10

9

1｜吃中餐時，豆奶用無辜的八字眉攻勢，只好撈到什麼就餵她，沒想到連薑都吃，真是乖狗狗。

2｜前廊門口上吊著發桂的夢想球，每個來訪的朋友都會玩幾下，加速發桂的夢想早日實現。

3｜榻榻米提供各種可能的姿勢，阿隆覺得這裡太舒服，躺著打起瞌睡。

4｜前廊空間。

5｜因為有豐富的開窗，在傍晚來臨之前，室內的採光都很充足。連大窗的開法都是用早期的木桿撐住窗框的方式。

6｜發哥把岳母本來要拿去燒柴的剩木料帶回來，拼湊成發桂家的大門。把手推測是早期的農具零件。

7｜桂子的女兒豆奶有著一臉無辜的八字眉，很黏人、也愛待在戶外小平台上。

8｜發哥設計製作的燈罩上面有孔，在白牆上化為一隻隻展翅翱翔的飛鳥。

9｜走出主空間來到柴燒爐的平台後左轉，推開老玻璃門就是衛浴空間。

10｜小朋友們的晚餐時間，姊弟倆正襟危坐等待美食來臨。

11｜手停不下來的桂子，連聊天的時候也在編織包包。

1

2

3

4

5

6

7

8

9

至於蚊子，到了傍晚比較多，不過因時有谷風，房子就像吹冷氣，很涼，蚊子也相對變少。唯一美中不足的，是每半年都會發生一次的空氣汙染，剛好在當天就被我們遇到。隔壁土地是他人所有，種的是檳榔，檳榔的噴藥毒性與臭味都是其他農藥的好幾倍，而且還會飄浮在空氣中，真的好臭！好不容易自然復育的螢火蟲也會因此而死掉大半。這點是許多到鄉間買地的人會遇到的窘境，桂子也沒輒，只能期望哪天有一位尊重自然的人承接那塊地了。

原本以為桂子與發哥的年紀，應該是三十初頭，沒想到比猜測的還要足足多了十歲，而且夫妻倆已經結婚十五年了！兩個人都還像小孩子一樣，像是桂子常聊天聊到一半，只要奶茶經過，就把奶茶的臉抓來揉來揉去、溫柔呼叫「奶茶、奶茶」；而發哥則是個人來瘋，大家 high 他也跟著 high，心胸很開放，對各種主題充滿好奇心，這些都是他們最好的年輕保養祕方吧！

1｜枕木階梯在戶外風吹雨淋之下，刻蝕出深刻美麗的紋路。

2｜我們將手放在所站的巨石塊上，感受著巨石傳到手掌心的涼意。

3｜房子後方的石頭小徑，是發哥自己搬來石塊，一塊一塊鋪起來的。

4｜散步小徑的入口，立了一跟木柱，上面寫ㄈㄚ ㄍㄨㄟ＼ Bless You，頂部還有一個水龍頭。

5｜發桂家旁走幾步就有一條小小溪，是奶茶與豆奶的天然礦泉水。

6｜在路上遇到裂開又有高差的路面，它讓發哥的嘉年華差點失去方向。Davis 後方是懸崖，儘管男人們已經搬了許多水泥碎片鋪路，可是當後輪要衝上去時還是空轉。這次的經驗，讓發哥後來只敢開貨車上山。

7｜夕陽西下的散步小徑一景。

8｜桂子要求台電不要裝水泥的電線桿，而是改安裝木頭的，這樣要多加一千元。

9｜姊弟倆當領隊，對山路都熟門熟路，不過因為有水蛭會鑽到鼻孔裡，桂子不允許牠們獨自在外面晃。

發哥在屋頂上先鋪上柏油紙（油毛氈）、再塗柏油，然後請鐵工來裝波浪板。

牆體也釘得差不多，只剩下平台周遭的幾扇訂做玻璃。

蓋屋過程摘要

1 基柱已經搭好，將白色的三根縱貫全室的地樑架在基柱上之後，再放支撐樓板的角料。

2 將比較長且堅固的木柱當做主要的結構體，木結構沒有傳統的既定工法，憑友人的造屋經驗及發哥的構思來確定架構。

3 用傳統的刨刀磨鈍每塊地板的邊緣。

4 發哥用鑿刀與鐵鎚敲出木板邊緣卡榫的輪廓後，再用工具裁切得更平整。

5 從遠處看木結構的雛形。

6 三年前的奶茶還是小狗。

7 左側是發哥收工後搭帳篷的地方。

8 用幾塊大石頭堆起臨時爐灶，就可以煮大鍋飯。

9 發哥的右手因施工而受傷，一段時間內只能用三根指頭工作。

10 屋頂的橫樑材質如同地樑，都是沒有中段、直接跨過整間房子。

11 帆布蓋住的地方，就是後來的廚房。

12 年初，屋頂的底板安裝上去了。可以清楚看到發哥的雙斜屋頂中脊是有高差的。

支撐柱

由西南側看，可以發現房子是依著地形來蓋，即使高差不大，發哥也沒整地，而是自己調整地基柱的高度。

廚房的支撐比較隨性，石頭鋪好再灌水泥、木柱插在中間。

主結構的垂直木柱成為水泥磚的中軸，水泥磚往土裡預埋約 60 公分的深度。

廚房外的平台依石而蓋，不會因為石頭擋住就去挖它或破壞它。

木頭與水泥磚柱交接的部分，發哥塗上厚厚的瀝青做防水。

蓋屋預算表

項目	工資（元）	材料（元）	細項說明
結構體	35,000	40,000	發哥雇用朋友兩人一起蓋，地基是水泥與磚、結構是木料
拖車	5,000		運送木料的運費
浴室	17,000	6,000	自己與朋友用石頭打底
訂做鍍鋅板屋頂	30,000	12,000	
電線桿、電錶、拉電線	21,000		跟台電申請
部分門框訂做	20,000		
其他雜項	98,000		室內水電、其他
總價		284,000	

木架黏土屋

用汗水笑聲蓋的房子

現代水泥住宅成為主流之後，高傑恐怕是國內第一位發起協力蓋木架黏土屋的「屋主」吧！他重現了阿公阿嬤時代的造屋方式，呼朋引伴一起開心蓋房子，在歷經三年半之後完工。雖然初衷是想要省錢，不過最後得到許多金錢也換不到的真摯情誼，以及健康涼爽的自然建築！

※ 本篇部分照片由受訪者及學弟阿吉提供，特此致謝。

family story

屋主 / 高傑

取材時 2010 年 5 月、7 月 / 高傑 41 歲
與美濃鄉間邂逅 / 1992 年暑假
買地 / 2002 年 10 月
建築設計、模型製作 / 2003 年 10 月
整地、地基開挖 / 2004 年 2 月 5 日
堆砌卵石做基礎 / 2004 年 2 月 11 ～ 16 日
結構體 / 2004 年 2 月 17 ～ 20 日
屋頂 / 2004 年 4 月 22 日～ 5 月 15 日
土牆 / 2004 年 7 月～ 2005 年 8 月
完工入厝 / 2007 年 8 月

house data

地點 / 高雄縣美濃鎮
建坪 / 50 坪（一樓 30 坪、二樓 20 坪）
建材 / （主棟）水泥地基、木結構、土牆、琉璃鋼瓦

透過本書另外一位屋主的介紹，我和阿吉學弟拜訪了高傑的家，後來才發現原來他也是同校不同系的學長，真的很開心！到他家後，被他古色古香的老窗舊櫃深深吸引，和阿吉忍不住狂拍，不過因為已經接近傍晚、光線不足，決定之後再訪。

正式拜訪那天和室友在高傑學長家住宿一晚，不需蓋被、伴隨著山風，很快就睡意襲來，一如往常，只要在鄉間睡覺，大概睡個五、六小時就會自動醒來，比平常少了兩、三個小時，還更有精神哩！隔天還參加美濃一年一度的黃蝶祭，十分充實！而一位四十歲初頭的大男生，為什麼會住在美濃鄉下一間土牆搭蓋、充滿老件的房子呢？故事要從十五年前開始說了！

從大學開始，高傑就與美濃這個地方結緣。並且一反常態，在退伍後十年間，先後在美濃郊區租下了兩間三合院長住。

住過兩間三合院　喜愛自然材與老件

一九九二年升大四時，高傑來到美濃參加農村生活營，與當地人交朋友，正好遇上了美濃水庫的抗爭事件。從畢業到當兵這兩年，因為參加美濃反水庫運動，也與當地美濃社團的朋友繼續保持聯繫。退伍之後，來到美濃愛鄉協進會工作，並租下三合院當做安身之處。「我發現三合院很適合鄉下的生活方式，很通風，木門、土牆、紅磚等也很有古意，唯一缺點就是比較潮溼陰暗。」工作一年多之後，考上清華大學社會學研究所，論文題目就是以

1｜從入口處看房屋背面。為求隱私和視野，刻意讓房子背對著馬路。西晒時影響最大的是右側沒有屋簷遮蔽的客房，中間的客廳則因為土牆與開窗的關係，裡面仍保持著涼爽舒適的溫度。

2｜面南的二樓窗戶大開，迎接來自高屏溪的清爽南風。窗戶分成紗窗及防颱板兩層，當有颱風來時，外面的防颱板再關上即可。

3｜清晨的前廊。

美濃水庫為主。當時考量到自己的個性比較適合當老師，就趁此時修習教育學分。同時，內心暗自希望，畢業後能夠長住美濃。

修畢教育學分後，高傑申請到旗美高中實習，回到美濃租下了第二間三合院。「當時我沒有什麼存款，正好以代課抵實習的方式到六龜中學上班，同時寫論文、唸書準備教師甄試。結果隔年所有學校都沒考上，只好摸摸鼻子又去仁武高中代課，每天來回美濃與仁武。」

1

2

3

法拍地留情義，換來人情味

終於，二〇〇二年高傑考上旗美高中教職，立刻決定定居在此。「一開始我是想買間三合院，稍微整修一下、改善濕氣與陰暗的缺點就好，這樣既能保有傳統建築的優點、延續老屋的生命，又省錢、環保。可是這一帶都沒有人要賣房子，只好轉而找地。」因為預算有限，高傑鎖定法拍地，「我第一個看中的就是兩地一屋這件拍案，當時跟我競標的就是原地主而已，但並不知情。地主的出價只到底標，而我比底標再多個七、八萬，於是我標到了。後來才知道自己搞錯了，這兩塊地其中一塊包含房子，但另一塊地並未相連，根本就在另一頭，也就是後來蓋房子的這塊。有房子的那塊地，地主還住著。」高傑說，「我覺得把人家趕走不太厚道，況且標下的物件裡面還有另外一塊地，於是我就讓原屋主付給我當時拍定的價格，這樣他就可以繼續住，而我也只要負擔另一塊地的金額就好。」雖然知道的人都說很傻，大可以市價賣回，但也因為這樣的舉動，地主十分感激高傑，後來不論在造屋過程或生活上，都給予幫忙照顧。

為了省錢，決定「協力造屋」

這塊地原本是牧草地，沒有大型喬木或灌木在其中。高傑買地後的第一件事，就是先種樹。同時，他手頭也只剩下不到一百

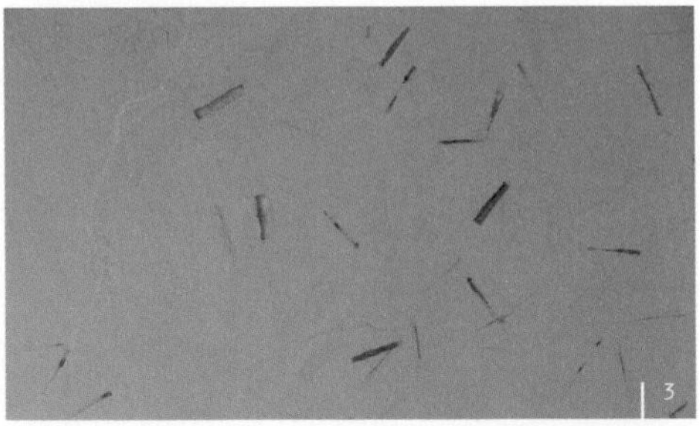
3

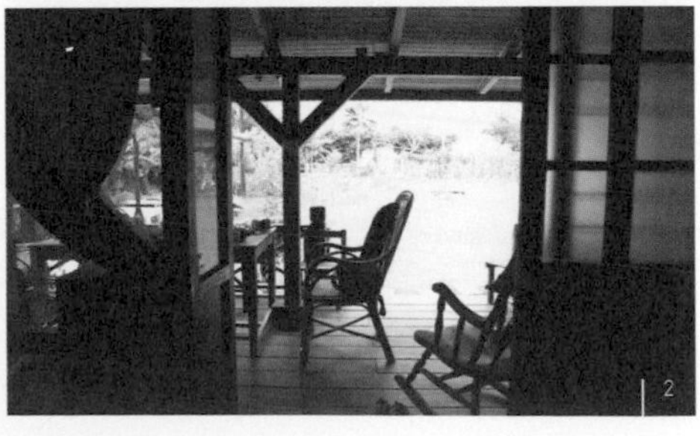
2

4

萬元的預算，於是開始思考，要怎麼蓋才能符合在地特色又能省錢？隔年，謝英俊建築師來美濃和朋友們談九二一地震災後重建經驗，推廣自然建築、自力造屋。謝強調，蓋房子之所以貴，是因為工資。一天一位工人就要二千多元工資，通常一次出動三、四位，這樣子一天就要花掉一萬元成本。對於時間上比較緊急的人來說，工錢是必要花費，但若有的是時間與人脈呢？

美濃社團的朋友們開始慫恿高傑乾脆協力造屋，而當時謝英俊建築師也願意幫忙設計，「二〇〇三年三月，得悉潭南村展開協力造屋，是汗得學社主持的德式木架構黏土屋，因此對土牆並不陌生，甚至還頗喜愛，因此謝建築師一提到土牆，我就立刻答應了。」於是同年夏天，高傑與謝英俊開始討論設計，構想是用C型鋼搭配黏土牆，原本年底就已定案，不過謝英俊後來突然提議將C型鋼改成木料，木料來自潭南基地。「本來他們在潭南有新的協力造屋計畫，不過後來計畫終止，但是謝英俊還是想推行用黏土牆與德國木匠Marcos合作的德式結構搭配的房子，所以就問我要不要改成木結構？木料比較自然舒適，而且因為是計畫性質，所以價格上便宜了一些，我當然就一口答應了！」

工班與志工一起分工、相互支援

二〇〇四年二月在兩個地點，工作開始同步進行。放在潭南的木頭，在Marcos的帶領下，由潭南原住民工班開始裁切尺寸、

1｜高傑打算讓絲瓜沿著前廊的支柱往上爬，希望爬上屋頂後，前廊就更加涼爽了。

2｜從客廳往前廊看去一景。

3｜前廊的外牆添加細稻桿增加牆面質感。

4｜即使是非假日，也會有朋友臨時起意來找高傑聊天。中午來的一起吃午餐、下午來的一起喝茶。前廊就是最棒的空間，聊到想打盹就到室內小憩片刻。

5｜房子的門窗、框都是二手店買來的舊料，很容易發現一些之前的使用痕跡，幻想當時留下這個記號是出自什麼原因、什麼故事。

1｜經過平坦的草皮之後，就是長輩種植的菜園，高傑到菜園順手摘了絲瓜、地瓜葉與茄子，成了我們中餐的食材。

2｜這間小房子是前年搭建而成，材料為回收的夾板與木柱。一樓做為車庫與倉庫、二樓是圖書室。

3｜車庫樓上是一間小型圖書館，目前暫時放置高傑學生時代的書籍，將來可變成孩子們的書房及祕密基地。

4｜因為菜園不使用農藥或防蟲劑，高傑的父母親用黏蟲噴霧劑塗抹在保特瓶上，黏蟲劑成分為天然黏膠及昆蟲誘引劑，果蠅很快就被黏住。黏蟲噴霧劑一瓶 600c.c. 約 230 元。

5｜車庫的後半段其實已經變成倉庫了，存放舊料與務農工具。右側的旋轉梯和客廳的一樣，節省空間且可自行製作。

6｜寬廣的草皮種的是柔軟的地毯草，於邊緣用木柱固定成鞦韆架。

7｜父母維護的菜園四季輪種、母雞幾乎每天都會生蛋，高傑也可以重新回味小時候採摘果實與撿雞蛋的美好經驗。不過菜園裡面有比較凶悍的螞蟻，採拾時仍須小心。

鑿孔切榫；而在美濃基地現場，則由謝英俊帶領，開始放樣、挖地基、砌卵石基礎。接著，原住民工班、施工單位號召的義工來了將近三十人，到現場組裝木結構。「透過朋友轉寄 email，來了許多新朋友，包括自學媽媽帶小孩、德文譯者、大學生……等，現場要用到的木釘，就交給幾位心細的女生來削，男生有的負責釘卡榫，木料組裝等難度比較高的部分就交由原住民工班。」

有了事先裁切，整棟木結構到了現場只需組裝，花了五天就完成。「謝英俊對我說，『老弟，之後就交給你了！』從此陷入水深火熱之境，到現在我都還記得！哈哈……」謝與 Marcos 退場，接下來包括蓋屋頂、水電配管、牆體粉光、地板鋪設，都由高傑自行號召、處理，但建築師事務所仍扮演諮詢角色。

木結構完成之後，因為高傑工作關係，工程停頓了兩個月，之後再度振作，先找專業木工來做屋頂底板。「我的屋頂也會放上一層土當隔熱隔音層，我先請木工師傅來安裝屋頂底板，也就是支撐土層的底層。底板裝好之後，又在屋頂外側釘上一根根的橫向角料，這樣比較易於攀爬，也是日後鋪設屋瓦的鎖定處。」

二〇〇四年五月連續兩個週末，高傑舉辦屋頂覆土的協力活動，混著稻桿的黏土，必須不斷供應。「來參加的主要是家人及朋友。一開始我們就擺一塊大塑膠布，兩、三人在上面踩，可是這樣產量太慢，容易造成志工在旁邊等土的情形。於是我就找來怪手負責攪拌，開怪手的人覺得要他做這件事像扮家家酒，還擺

1｜客房拉門是二手古董拉門，有著十分細緻的格柵，高傑另外再鑲上舊玻璃，讓老東西塑造家的風景。

2｜應觀眾要求，高傑簡單分享他蓋這間房子的心路歷程。

3｜位於北面的廚房及餐廳，以 C 型鋼搭出結構、再用木料搭出牆體，常可看到螞蟻，高傑推論也許是地面沒有抬升、地板空心之故，由於堅持不大肆撲殺，久了也就習慣了。

4｜室友阿隆在廚房烹調高傑採摘下來的絲瓜，廚房角落是十分耐用的二手餐櫃。

5｜客廳空間約十五坪，門口旁就是長輩房，方便父母進出。長輩房的舊拉門與花窗的尺寸都已固定，高傑需請木工裁切出合適的門框與窗框尺寸。由於早期的門沒有金屬滑軌，木工必須自行製作，有時木工的工錢比二手舊料還要來得貴呢！

6｜南廂的客房與客廳並不相通，裡面有小起居室跟抬升高度的臥房。起居室裡面擺的都是阿公牌的古董木椅。

7｜客廳與北側廚房相通，廚房是後來增加的空間，與客廳有兩階高差。

8｜CD 櫃嵌在長輩房旁邊，收藏不少交工樂隊及相關的客家音樂專輯。

9｜廚房旁是衛浴與晒衣間，晒衣間的門與室外相通。走近一看，赫然發現連門都是用早期門栓！

10｜旋轉梯的中心柱是早期的台電木頭電線桿，十分粗壯，以旋轉方式設計的樓梯較節省空間，每階末端仍有角料相互支撐。

臉色。最後我乾脆臨時挖一個約三公尺見方、二十公分深的水池，大家一起跳進水池裡面踩黏土、混稻桿。」沒想到小朋友玩得不亦樂乎，整個泡到泥巴水池裡去。多少人的童年，能有這樣放肆滾泥巴的體驗哪！

朋友笑：等蓋好就變古蹟了

不過，人力踩泥巴的效率有限，接下來又因工作忙碌，工程又停頓了兩個月，「我那時覺得再這樣下去可能會遙遙無期，而且經由鄰居傳來有人以為這裡是鬼屋，當初鼓動協力造屋的朋友更調侃說，等房子蓋好都變成古蹟啦！聽來真不是滋味！七月時，我跟鄰居借了一台混凝土攪拌機、搭配鐵牛馬達，終於進入了『機械化時代』，不過，因為只有週末進行，還是花了一整年才把牆體做完。」

那麼，志工的參與度呢？「許多志工都是從其他縣市開車、攜家帶眷來的，受限於距離等因素，通常大概來一、兩次吧。後半階段，我要特別感謝高雄社大環保社的朋友，他們與我素昧平生，卻因為共同的環保、自然理念，把這間房子當成要實踐的計畫之一，於是他們會帶著孩子來、並且持續地做。」

以時間換取金錢、以協力取代工資的方式，至少讓高傑省了一、二十萬元的工資，更重要的是結交志同道合的朋友。「雖然父母一開始覺得太慢、不是很認同。可是蓋完之後他們很愛來這

8

4

1

5

2

9

6

3

10

7

1｜主臥也用老窗戶，露水般的玻璃紋路，觸摸起來十分立體。窗框與鋁條是找木工師父訂做。

2｜透過東向的老虎窗，可以看到後院寬闊的視野以及遠方的山巒。

2

1

5

4

3

8

7

6

裡！我們老家是在高雄市區的三樓透天水泥屋，很熱，現在父母幾乎都跟我同住，在這裡還可以種菜、跟鄰居們以物易物交換蔬菜，只有假日做禮拜才回高雄住。也因為如此，後來我在土屋兩邊再增加客房與廚房。不過為了求快，就用木結構搭配板牆，但這樣一來，兩邊的空間會比較熱一些，螞蟻也會在空心的牆內繁衍，較難防範。」

雖說協力造屋有助省錢，但並非每個人都適合發起協力造屋，關鍵是要有心、不擺姿態，且有一群志趣相投的朋友，比較有可能發起。「只要是有召集協力的工程階段，每一個流程，我都要自己先了解、操作過了才安心，機具材料、後勤補給要齊備；施工當天，要清楚告訴志工怎麼做、如何分工，講得越簡單越好，志工會找自己有興趣的項目去做，也有可能做到一半與其他人交換。一開始講解施工流程時，應該是由屋主自己來，因為對志工而言，感受不一樣。」高傑強調說，「遇到困難的時候，我和志工們一起討論要怎麼解決，例如要把黏土送到二樓去填模板，我們就自己設計滾軸，讓桶子透過繩子上下傳輸，減少志工上下樓梯的時間。」當然啦，協力造屋的宗旨就是相互支援，像是拜訪前一天，他才剛從高雄的那瑪夏鄉瑪雅村下山，參與荒野保護協會高雄分會「悟洞自然教室」的協力造屋活動。

「現在我們多習慣以『賺錢』然後『消費』以滿足生活需求，但透過協力造屋的經驗，會發現很多事情可以花少錢就可達成，而且還會獲得更多。哈，偶爾是會花更多的錢賺經驗啦，但我也

9

3｜主臥位於餐廳之上，裡面同樣都是用二手家具佈置，除漆的老床架搭配客家花布，煞是好看。

4｜侄子房間的紗門讓人倍感親切，開門時，就會聽到久違的彈簧鉸鍊拉緊與放鬆的聲音，讓人忍不住想重複多開幾次。

5｜保留舊門綠漆，加上木質牆面，在光影下的質感讓人驚艷。此道門將公共空間與主臥起居室隔開。

6｜目前唸國中的侄子的房間，房間只有一張床和一張書桌，沒有電腦和電視的引誘，侄子可以專心讀書。

7｜走上樓梯是挑高的閣樓空間，屋脊處兩側有開窗，可以增進南北向對流。

8｜高傑與老婆思齊的結婚照。很少人能以自己的家做為結婚照背景，耐看且不突兀。

9｜主臥位於餐廳之上，裡面同樣都是用二手家具佈置，老衣櫃搭配復古電扇，別有味道。

甘願啊。而且從經驗中，我發現很多施工中的挑戰，可以透過大家腦力激盪，以比較聰明的方式解決。」高傑說，「主流住宅建築雖然有很多風格、形式可以選擇，但對我來說都太難了，不瞭解這些形式的前因後果。而現在這間房子是屬於並來自我的內在，縱使別人覺得怪，我也甘之如飴。」

從完工到現在，除了高傑的爸媽與老婆之外，兩個外甥也從國小住到國中。高傑的妹妹在高雄工作十分忙碌，且都市資訊太多，孩子容易分心，高傑自願照顧他們，扮演起父母角色，接送外甥上下學、去補習班。在這裡沒有電視、電腦，沒辦法上網，一天專心讀上兩、三個小時沒問題，功課做好了，就看自己喜愛的課外讀物。

家人、外甥在造屋過程中幾乎全程參與，不同於都市的孩子，他們擁有泥巴與草味的健康童年。而高傑的爸媽種了各種的菜，同時養雞，鄰居還常常拿東西過來分享，因此根本不太需要常上菜市場。再過幾個月，高傑學長就要當爸爸了，在此誠心祝福新生兒健康平安長大、全家人幸福順利！

1｜透過傳土球增加屋頂覆土效率，也讓志工們玩得很開心。

2｜難以抵抗泥巴的魅力，許多小朋友剛開始還乖乖幫忙，最後都紛紛淪陷了。

3｜木架結構完工那天，高傑宴請大家，並請原住民工班跟協力志工在一根斜撐桁柱上簽名留念，並裝置在家中顯眼處。

4｜協力造屋收工之後，總少不了大吃一頓及影片分享，由高傑招待主持。

5｜長庚醫院的員工旅遊，早上安排高傑家的協力造屋半日體驗。

6｜小朋友們在工地旁用泥塊焢窯烤蕃薯，結構體十分漂亮，左下方為送柴的入口。

7｜髒掉的衣服現場洗晾，也成為工地裡的一幅隨性風景。

8｜大人小孩一起奮力攪拌黏土。

9｜不論在主棟或小圖書室，都可以看到紗網、舊玻璃與木料相互搭配。

10｜完工之後木柱上仍保留木釘突出的部分。

6

3

1

7

4

8

5

2

9

10

木架結構體工程

1 牆體木結構都已經組裝好，底部以卡榫與地樑相接。

2 用手工削好的木桿當螺絲，固定橫向面的卡榫。垂直面的卡榫交接面則用金屬螺絲固定。

3 將牆體結構立起來之前，要確定垂直、水平是否精確，以及木釘螺栓是否鎖緊。

4 木頭運過來之前，就已經在潭南開始削木釘。幾位朋友在一旁負責削卡榫用的圓木桿，直徑約 1.5 公分。

5 組合之後再鑽孔，以免對不準，用自己做成的木槌敲擊木桿，使深入卡榫之間的鑽孔。

6 圖中為屋頂的中脊樑，用束帶綑緊準備用吊車吊起組裝。

7 將兩側屋頂的斜支撐架依次固定。可以發現一樓牆體的木柱結構高出二樓樓板一些，如此可增加二樓室內體積與高度，也可以讓結構體比較穩固。

8 此驚悚畫面是 Marcos 在現場施作斜撐榫接的孔，由於有後座力，必須有一人在後面扶著。

9 製作東向的老虎窗立面結構

10 在每一根對向的斜支撐架之間釘上水平短樑，使之產生可以讓力道相互抵消的三角形迴圈。

11 主結構體接近完成，Marcos 用彩帶裝飾樹枝，準備綁在中脊樑上方，在德國插上這個代表房子誕生了。

12 前廊支架在眾人的協力之下立了起來。木柱基部是卡在兩個 C 型鋼之間。

13

14

在眾人協力之下，主結構花了五天就組裝完成，完工晚上大家一起合照，右邊第二位是本書另外一位屋主、來自台東的輝哥！收工後，高傑會準備豐盛的晚餐，讓來參加的朋友吃得飽足。

蓋屋過程摘要

設計

2004 年初，建築師謝英俊與美濃友人一同開會討論，在有限的預算下，高傑初步決定房子的形式可以透過協力造屋的方式來進行。

謝英俊團隊製作的初步模型，後因空間需求增加而有所調整。

儀式

2004 年 2 月 5 日，開工當天牧師帶領著全家人祝福工程順利；並透過焚香祝禱向這塊土地表達敬意。

開挖地基、砌石基礎

將地基下挖約 60 公分深，地基的規劃形式，略接近傳統建築形式中的連續基礎，拿水平水管在測量四個角的水平；溝裡面鋼筋貼的紅色膠布上緣，是灌漿高度。

沿著鋼筋上面貼的標示灌漿。

趁未乾之前拉線放樣鋼筋位置，約間隔 30 公分插一根 4 分鋼筋。

在排列的鋼筋上面堆砌卵石，並且先用板材搭出三角形通氣孔。此通氣孔位於抬升地板與底部地面間。

用水泥填滿砌石之間的細縫，並且將地板邊框 C 型鋼沿著鋼筋架上，做為短牆的水平定位。

前廊則只在要立基柱的部分才設立基柱。同樣用卵石沿著兩根鋼筋砌成，再塗上水泥。

德國木工匠 Marcos 與謝英俊建築師在現場教導木結構組裝，沿著基礎上方以卡榫配合螺絲讓木頭地樑與石頭基礎咬合。

屋頂與結構體做好之後，將水灌進室內土地，幫助土壤更加密實。

黏土牆接近完工時，將土牆周邊往下挖一淺溝、放入卵石，利用被動式原理讓水氣集中在房子外圍。這個工作就交給小朋友了！

屋頂工程

由於沒有預先在斜支撐的桁架與桁架之間洗溝，於是想出一個方法：將角料對角剖開成三角柱體，固定在桁架兩側，做為底板支撐，底板之間不能太過緊密，留作熱脹冷縮的空間。

於屋頂外側再釘上整片橫向的角料便於攀爬，於最後直接在其上鋪琉璃鋼瓦。

一樓結構體塗上廢機油，一般建議是在木料固定之前就先塗好，才會包覆在泥土之中。

美濃友人正在將還未使用到的木料塗上廢機油。

木底板已幾乎架好，只剩屋脊處需要收邊，在施工上比較不易。

家人在旁將稻草剪成一段一段，準備混合泥土與木屑，做為屋頂隔熱材部分成分。

將木底板塗上廢機油，待其風乾後，便能將混有稻草與木屑的泥土塗佈在屋頂上。

將混好的泥土填滿每個框框，再用抹刀壓平。由上而下，就比較不用考慮到泥土重量往下壓的問題。

屋頂覆土這個階段，也是適合召集志工協力的工程階段，主要可以分工為黏土製作、傳送黏土、屋頂覆土。

另外也可以用薄板稍微隔開，使上方泥土不會一直往下推。不過若能夠減少水的比例、增加泥土與稻草的濃稠度，就比較不會有往下掉的問題。

約莫一個月的時間，屋頂覆土工程告一段落。等土乾了之後就可以裝上琉璃鋼瓦。

黏土牆體工程

卵石基礎與木牆之間的交接處，用泥土將細縫填滿使其硬化。

沿著石頭地基架設模板，模板藉由木柱固定。架設牆面模板必須請專業的模板工，用鐵絲將板模綁緊固定好。

用短棍將模板之間的泥土夯實，尤其是邊緣要盡量往下壓，增加密實度。

鄰居借給高傑的古早混凝土攪拌機，只是這次添加的材料是泥土、木屑與稻草，讓整個工程從人力時代進入到機械化時代。

泥土裡有種子，模板之間長出青草。水電管線已經預埋在土牆裡了。

沒有壓實的土牆，模板拆下後發現底部有一個大缺角，事後只要再用新的泥土補上即可。

工人正在拆除模板。

志工朋友在二樓搗實土牆。

2005 年 3 月，透過這面牆壁可以看出土牆的每個階段。最底部的一、二層是已差不多乾燥的土牆，第三層則是剛拆模板時，第四層的模板還未拆除。

2005 年 8 月底，黏土牆已經風乾、適應氣候半年了，可以將保護層抹上。保護層分為最底層的補土，是篩得更細的黏土混稻殼，用以抹平凹凸不平的牆面；中層則為石灰拌砂的粗底；上面的表層才是石灰漿混麻絨。圖中的動作還在補土抹平的階段。

協力造屋注意事項

自然建築的材料雖然比較平價，但總額若要控制在預算之內，需要大量免費勞動力付出，這時在某些需要「大量重複但簡單的工作」流程時，就可以採協力造屋的方式。高傑說，協力造屋是人際與理念的組合。以屋主或主持人為核心，眾人來此放鬆心情並付出勞力，換得友誼與理念交流等情誼。屋主或主持人在協力造屋的過程，需扮演或達成以下條件：

1| 身為精神領袖核心的屋主，必須在協力造屋時全程參與、應變、調配人力、鼓舞及營造氣氛。

2| 開工前需解說清楚，包括簡明扼要的志工規範、工作流程以及安全注意事項。

3| 需要求參與者盡量在開工前抵達，使能聽取流程與規範。

4| 工地需規劃順暢的動線，讓手拿工具材料的參與者不會相互碰撞。

5| 通常參與者會帶著孩子來參加，工地不能有閒置的危險工具。

6| 定期提供充足的飲水、遮陽與餐食。

7| 遠到需過夜者，需提供住宿平台，通常是自家空房間或工地附近搭帳篷。

8| 收工及用餐完畢之後，可以召集大家觀看相關照片、影片，甚至可以讓參與者互相分享旅遊照片或生活體驗。

9| 自然建築之造屋精神，是勞力與理念的分享與溝通，而非埋頭苦幹的苦行僧，否則與公司上班體制無異，屋主或主持人需特別警覺並帶頭實踐。

地板底下的呼吸孔

主棟的地板離地 60 公分，每道卵石地基在施工時就已經預留通風孔，只要室內外有溫差，就會造成空氣對流，保持地板底部通風乾燥。

在砌卵石地基時就已經先預留的三角形通風孔。

房子主棟西側接近地面處，有一明顯的室外三角形通風孔，內面裝有堅韌的紗網，不必擔心蛇鼠入內。

打開客廳角落的地板往下看，就是基地的最初地坪，可以感受到地板的空氣比較涼，但有了三角形孔促進通風，並沒有霉味。

蓋屋預算表

項目	工資（元）	材料（元）	細項說明
基礎、木結構	400,000	300,000	連續基礎、石砌短牆、結構木料裁切組裝
屋頂	200,000	200,000	天花板、鋪土、琉璃鋼瓦
黏土牆	100,000	50,000	釘板模、夯土、粗底、石灰粉光
水電工程	100,000	200,000	水電配管、衛浴設備、排水管
水泥工程	100,000	100,000	浴室磁磚、兩側地磚、排水溝
主棟木作	300,000	200,000	地板、門窗、旋轉木梯
兩側木作	400,000	400,000	木造房間、門窗、屋頂
車庫、倉庫	150,000	100,000	柱狀基礎、木結構、板牆、門窗、屋頂、旋轉木梯
庭院工程	100,000	100,000	整地、洩水高程、連鎖磚
總價		3,500,000	部分費用連工帶料，各半計算

專家、工班、建材行口碑推薦

建築師　**謝英俊建築師事務所**（南投日月潭）

推薦語　深具理念，並有實際施工經驗。

聯　絡　www.atelier-3.com/2004/index.html

木工師傅　**洪瑞發**（高雄縣旗山鎮）

推薦語　施工快速，很有效率。

聯　絡　可與高傑聯繫 kaochieh@ms2.cmsh.khc.edu.tw

Love, Peace & Freedom

敲敲打打

Just can't stop

其實應該稱它為「紙磚屋」，不過因為它是國內第一家用回收報紙做成的可住人的房子，「報紙屋」已經成為它的稱號。然而，「大茉莉農莊」精采的部分，可不只是「報紙屋」，從土地的設計、植栽到屋主對資源的珍惜與回收，都是十分令人敬佩的！

※ 本篇部分照片由受訪者及學弟阿吉提供，特此致謝。

family story

屋主 / 吳連春 Shelly、羅約翰 John
預約參觀 / 位於屏東縣里港鄉載興村，目前大茉莉農莊有定期開放入園參觀，也有窯烤 Pizza 跟紙磚體驗教學。

預約資訊 / 08-775-7501、0925-930-989

取材時 2009 年 11 月、2010 年 5 月、7 月 / 夫 59 歲、妻 49 歲
買下里港土地 / 2004 年 12 月
放樣、地基 / 2007 年 1 月
報紙屋地樑、地板底板 / 2007 年 2 ～ 3 月
湖區整地 / 2007 年 2 月
報紙屋結構（含左側小屋及報紙屋屋頂） / 2007 年 3 月～ 2008 年 4 月
自行設計紙漿攪拌車 / 2008 年 5 月
第一批紙磚製作 / 2009 年 2 月
報紙屋牆體部分 / 2009 年 7 月
完工入厝 / 2010 年 3 月

house data

大茉莉農莊
地點 / 屏東縣里港鄉
地坪 / 6.5 分地
建坪 / 23 坪
結構 / 鋼骨基礎、木結構、鋼瓦、紙磚造
造屋費用 / 從整地、挖湖、植栽配置到報紙屋完成，約 50 萬元。僅水電及地板找工班，其他費用皆為材料及工具費用。

會拜訪吳連春（Shelly）和羅約翰（John）的家，是因接獲讀者「線報」，屏東有一戶人家，用報紙蓋成一間房子。剛好那時正從台東準備開車回豐原，想說先去探路，沒想到超難找的！

詢問派出所員警，好不容易有一位警察先生好像知道，但他畫的地圖跟現場交錯縱橫的產業道路，在我這個路痴看來簡直是一團迷霧，迷路兩個小時後已是午后三點，飢餓戰勝好奇心，於是在附近唯一的一家餐廳「花堤乳香」吃中餐，跟老闆娘聊了一下，才知道原來 Shelly 夫婦曾經到此用餐，好心的老闆娘決定助我，騎著機車在前面帶路，走到一半結果也迷路了，於是到附近的工廠問親戚，最後終於找到了！

不過當天只有約翰的弟弟在家，加上天色已暗，於是四處逛逛之後，留下聯絡資料，再訪他們已經是半年後的事了。

隔年五月到訪，門口新掛著「大茉莉農莊」的彩繪玻璃，約翰很熱情地和我們握手招呼，當天陽光炙烈，室外陰涼處，根據約翰的測量是攝氏三十三度，而「報紙屋」的室內則是二十七度，差很大呢！

愛．和平．正義

約翰來自加拿大，他說自己曾經是一位十足的嬉皮，讓人難免聯想到蓄長鬍、戴墨鏡、抽大麻、彈吉他等典型的模樣，而約翰之前真的都蓄著大鬍子呢。

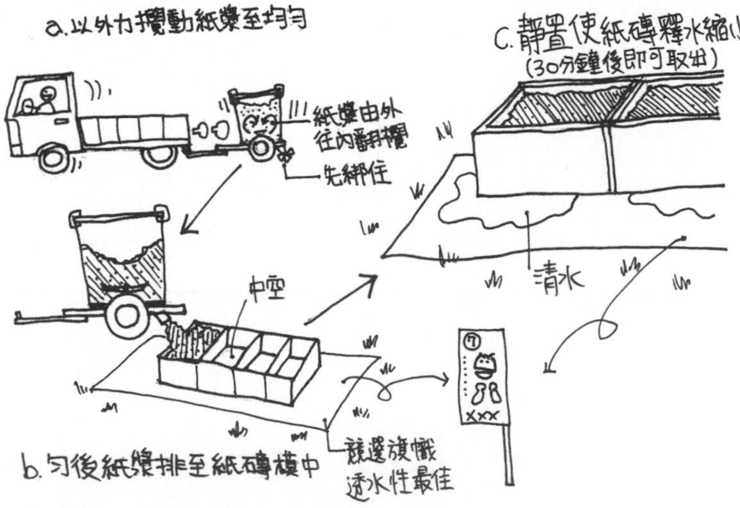

紙磚製作過程示意圖

「就某方面而言，我算是個離經叛道的人，我不喜歡別人跟我說什麼可以做、什麼不可以做，尤其是與我認知相違背、特別是在正義這方面，我都會起而挺身抗爭，fight the good fight！我相信人生沒有極限，雖然隨著年事漸高，身體多少有點不聽使喚。」約翰笑說，「但我仍然樂於嘗試新的事物與想法，我愛挑戰，不論它是體力或心理層面的。所以，相較於年輕時的嬉皮身分，我在本質上並沒有改變多少，頂多試著變得聰明一些。」現在，約翰的外表看起來清爽許多，但仍看得出他抱持著嬉皮「愛與和平」及愛好自由的精神。

重傷醒悟——人生不要浪費在「窮忙」上

我很好奇約翰為什麼會這麼特立獨行，畢竟，並不是每一個人都會想到用報紙來蓋房子，就算有，也不太可能一切自己來，從自己攪拌水泥、到自己做紙磚的磚模、自己把房子的木結構架起來……是什麼造就他的人生態度？

1｜於2011年中旬完工的腹肚厝（取台語發音、又音同BOTTLE），同樣用報紙紙磚蓋成，但牆面鑲嵌了許多玻璃瓶。

2｜從室內看腹肚厝，呈現出水藍色的光芒，腹肚厝目前設計為用餐空間。

3｜清澈的湖水裡有許多魚群，JOHN教我如何釣魚，沒想到魚太多，一下子就上鉤了。

4｜很難想像這種轉輪移動式的廚具平台（可在其上桿麵）是JOHN親手做的、而且是沒有畫草圖，直接手工製作，細部榫接都很精準！

1

3

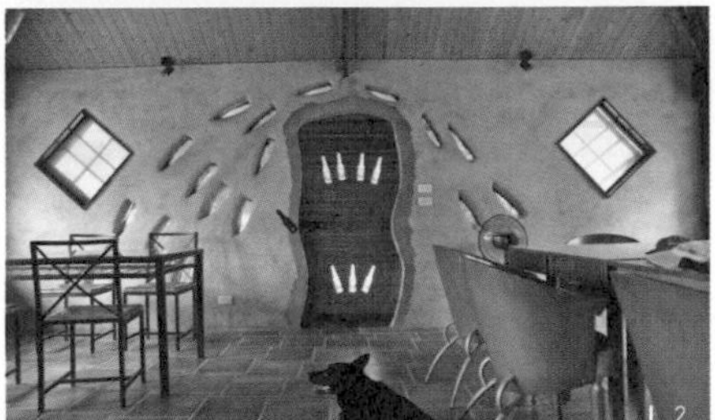
2

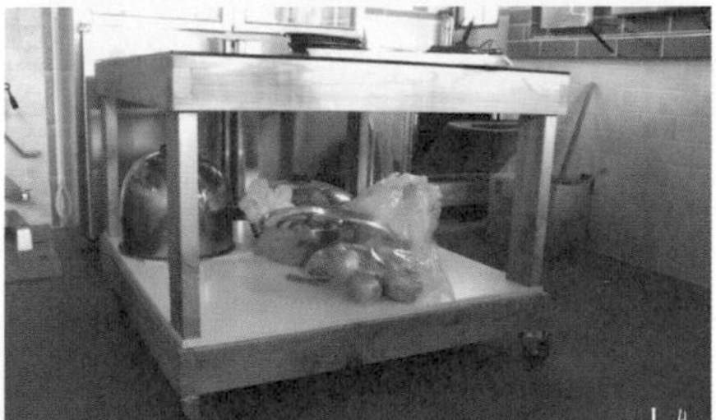
4

約翰三十二歲時，在鋸木廠發生意外，脊椎嚴重受損，整個月都待在醫院、無法行走。「當時我躺在醫院，面對著這輩子可能無法再走路的恐懼與沮喪，是我人生最低潮的時刻。住院時，我回首自己的過去，發現我有著人人稱羨的穩定、幸福生活，但都是假象、自欺欺人。」約翰說，「當時我的工作、婚姻、人生許多方面都不快樂，但我總是以『太忙』為理由不去面對，背部脊椎發生意外，讓我有機會去思考。出院後，我發誓，只要我對自己的人生有任何不滿意，我就會誠實告訴自己，直接面對它！」

環遊世界　定居台灣

約翰開始邊工作邊周遊世界，並以教英文名義，從紐西蘭來到台灣，「原本打算去日本，但日本的外籍老師通常都比較年輕，大概在三十五歲以下。日本的英文課會有兩位老師，導師一定得是日本人、助理教師才是外國人。而依照日本的師資倫理，助理教師的年紀不能比導師來得大。因此，我在那邊找不到工作。」說到這裡，約翰還模仿日本人看到外國人時的羞怯與害怕，十分搞笑。「後來朋友建議台灣，於是我選了幾家補習班、寄了履歷，沒想到很快就有許多回音！」就這樣，約翰來台一待就是十二年，並且與吳連春結婚、成立自己的補習班，還養了一隻名為七八的土狗。約翰以本身豐富的人生經驗及創意的教學方式，讓屏東里港的小朋友們有不同的視野。

「我做過各式各樣的工作，在紐西蘭曾擔任核發建照的審核人員、蓋了三間 rammed earth house（夯土屋，類似國內早期的土角厝，以在地土壤做為磚塊主要材料，但以不同工法建造），也親手蓋出五間木屋，因此對使用自然素材並不陌生。」

約翰在屏東先後買下兩塊緊鄰的土地，其中第二塊地產權處理不易，到現在才準備要辦理過戶手續。「因為祖產分家的關係，我們陸續追蹤發現到，這塊地牽涉到家族五代、二十三位繼承人，有些甚至沒有正式的文件資料，整段流程十分耗時耗力，我很感謝 Shelly 的鼓勵支持，讓我成了這區類似土地有史以來第一位成功過戶的買家。」

而原本這塊土地對面，有一間準備開張的石材工廠，當時買這塊地時並不曉得有這項計畫，現在他們擔心工廠營運之後，會影響到這個區域的寧靜與空氣品質。不過約翰對環境有其堅持與熱血，他絕對會 Keep his eyes on it。

1｜約翰刻意把石頭擺在或近或遠處，跳石的人若判斷錯誤可是會變成落湯雞喔！

2｜約翰所站的地方，之後會做為 SPA 水柱，因此先預留水管。

3｜抽取地下水做為湖水的水源之一、並增加水中氧氣，湖水底部就是土壤，可以讓水資源再滲透到地底。

4｜母鴨們每天很隨性地四處產卵，連春每天都會小心翼翼繞湖一圈撿新蛋。

5｜若偶遇連日大雨造成湖水暴漲，可以透過較湖畔高出的出水口洩水。

一半的土地都是湖

連春與約翰買下里港的第一塊地後，與造屋同時並進的工程就是「造湖」。其實，若土地夠大，就應該以整體的角度來規劃土地，建築物只是其中一項元素，它的造型與風格相對而言就不是這麼重要，重要的是建築物如何與整個環境相融、不要顯得突兀做作。若再「激進」一點，成功的私人居住土地規劃應該注意到三個重點——美感、功能、生產。而約翰與連春正以類似的概念去實踐。

這塊地近乎一半是湖，國內一般兩三分農地常見的是「池」，頂多約二、三十坪，而兩百多坪的地拿來造「湖」還真是頭一遭。不過隨著國內環境持續受傷，將來水資源的確有短缺的可能，造湖蓄水不但美觀、對土地友善，同時還可調節微氣候。「湖的邊緣造型必須要夠自然，我先用很長的水管來假設湖的邊緣線條，站在屋頂上遠眺，查看邊緣的線條曲線比例是否夠自然，」約翰說，「然後，搬張椅子到處坐，想像坐在湖畔旁看過去的景觀、倒影、光線、遠近景。就這樣，爬上爬下幾個禮拜，確定整體形狀之後再開挖！」這塊地的土壤雖然帶點砂，不過整體而言黏度還算夠，完全不考慮用不環保的塑膠布或水泥當底，水不會一下就滲光、而是慢慢滲回土裡，抽取的地下水因此可以循環利用。

1 再度拜訪「大茉莉農莊」，發現「報紙屋」前方增加一排新的屋簷，可用來遮蔽中午前的陽光以及東北季風帶來的雨水，外觀也因此看起來更成熟了！

2 窗戶全都是回收的，尺寸已固定，因此牆面開孔反而是依照窗戶大小來決定。窗戶上方並搭配很有創意的雨遮設計。

1

2

沒有水泥地　只有草皮及碎石地

造完湖，接著就是沿著湖畔種樹、植草皮、養鴨，鴨群們白天可自由活動，每天連春都要仔細找尋草叢之間的鴨蛋。他種植的草皮不是都市中常見的那種尖硬的、踩起來不舒適的韓國草或台北草，而是透水性佳、質感舒適的假儉草。所選的樹種，則盡量以台灣原生樹種為主，諸如台灣欒樹、構樹、樟樹，也有種在湖邊、姿態搖曳的柳樹。補充一點，這裡沒有任何一塊水泥空地，全都是柔軟草皮，即使是停車區，也都是透水的碎石子鋪面。

防火、隔音亦隔熱的紙磚

原本，約翰並沒有想到要蓋報紙屋，是因友人來訪時聊天提到，激起了約翰想要一試的好奇心。在國外，紙磚屋行之有年，是很多環保嬉皮倡導的建築形式，不過很少人會用來當作長住、或有系統搭配木構造蓋出的正式住家。經過查詢，因為紙磚內含水泥成分，因此火勢蔓延的速度又比同等體積的木頭來得慢，顛覆一般火燒紙的印象。因此，約翰決定放手一搏，蓋一間紙磚屋。

視線所及都是回收的

約翰可是經過幾十次的嘗試、比例調整才慢慢抓到訣竅的。

1

2

雖然「紙磚屋」、報紙磚塊的製造在國外早已行之有年，不過大部分都不是回收材料，甚至是為了實驗目的進行，並不是很精準；而在台灣這還是頭一遭，而且是抱著「可以住」的出發點來改善。國外曾用全新紙張或纖維當材料，然而約翰和連春堅持要用回收紙張來做，「很多人都問我們去哪找這麼多報紙？其實很簡單，就是將需要報紙等紙張的消息散佈出去，補習班的學生、學生的家長、家長的親朋好友，甚至大學的圖書館、各大機構，大家開始為我們保留報紙、廣告傳單、不要的書籍，等累積到一定的量就叫我們去拿。有的朋友更可愛，直接用單車帶著一大疊報紙，實在揪感心耶。現在你看到房子裡的牆、門、窗，都是回收來的，因為我想要盡我所有心力來回收資源。」

克服懼高　夫婦同心協力

用過各種紙質後，約翰發現報紙最好用，因為它的纖維細，而遇到表面貼有塑膠膜的閃亮廣告傳單，就無法再利用了。最後他們總共收集了一．三公噸的報紙，調出不同比例，做出一千三百塊紙磚、用來黏著磚與磚之間細縫的紙漿以及室內外的表面層塗佈。房子骨架則是木構造，每根樑柱都是約翰自己架上去的，「我怕高，」連春說，「但是當時看他一個人在鷹架上扛這些木頭實在很擔心，於是只好鼓起勇氣也爬上去支援他。」在夫婦倆相互扶持下，「報紙屋」牆體部分花了兩個星期就蓋好了。

3

4

1｜「報紙屋」室內十分涼爽，比戶外低至少六度以上，到了晚上也不會像鋼筋混凝土牆那樣不斷散熱。

2｜因為沒有特別做室內防水，為避免濕氣影響到「報紙屋」室內，浴室安排在戶外、房子的角落。晚上點上蠟燭燈、泡檜木桶，搭配蟲鳴鳥叫的背景，也是一種幸福享受。

3｜這位透過枕木跟大家打招呼的，就是羅約翰，「大茉莉農莊」的男主人！

4｜戶外教室的屋頂十分有趣，從連春老家搬來一大疊的屋頂瓦片，被重新再利用於屋頂內側，瓦片剛好卡在桷與桷之間，瓦片與鐵皮屋頂之間形成空氣層，擋掉一部分的太陽輻射熱。

1

2

遠離濕氣　紙磚屋堅固舒適

約翰將「報紙屋」地板抬升離地面約八十公分高，主要是要避免水氣與雨水滲到紙磚裡面。其實以台灣潮溼的氣候而言，若條件許可，把房子的地板抬升可以帶來很多好處，包括避免反潮及積水、昆蟲螞蟻不易進入、減少整地面積、地板下的空間可以讓家禽休憩等等。

在「報紙屋」的向風面外牆，塗上一層名為道康寧的矽膠漆，觸感如矽利康一樣柔軟，可以達到紙磚牆的防水及防火效果，另外再搭配外突的屋簷保護。二〇〇九年莫拉克颱風來時，屏東地區當時高達十一級陣風、總雨量高達二千五百毫米，相當於台灣一整年的雨量，但「報紙屋」本體並沒有受到絲毫損傷。

夢想藍圖——多國風 B&B

「報紙屋」裡面的空間，主要做為客餐廳、講解教學使用，而居住的空間則緊接在左側的鋼構屋裡面，儘管如此，若在「報紙屋」本體隔出臥室等非潮溼的空間，舒適度與機能需求並不會受到影響。接下來，「大茉莉農莊」還有很多要忙的事，遠程他們希望打造一個融合多國特色的 B&B，近程是要在湖畔用紙磚再蓋一間 Tea House，「到時候還有窯，可以用來烤 Pizza！」一聽到有窯烤 Pizza，腦海裡就冒出了在義大利吃到的脆皮薄片披薩，

1｜2｜自從 JOHN 把腹肚厝後方的廚房 PIZZA 窯蓋好後，每次到大茉莉都有機會吃到好吃的窯烤麵包與 PIZZA，我也很幸運參與到麵包及 PIZZA 的製作過程。

3｜約翰連水泥也自己調配，圖中是透過介紹以一萬六千元購得的二手水泥攪拌機。

立刻私心決定以後要常拜訪他們了！臨走前，連春送了一袋「自家生產」的鴨蛋，隔天回家就請老媽滷來吃，雖然比坊間雞蛋小，但是十分香濃好吃！

減碳又有機的紙磚好處用途多

如果你今天有一塊地，除了可以參考約翰造湖蓄水的做法外，若打算蓋間新房子，「紙磚屋」是值得考慮的方法。透過回收再利用可以大幅縮減預算，而報紙本身無毒、也不用遠程運輸，又可以不用砍樹、減少二氧化碳的產生，好處很多。紙磚空隙多的特性，使得夏天白日裡陽光的熱輻射無法快速直接傳到室內，晚上也不會像鋼筋混凝土牆一樣散熱。

至於計畫改造公寓或電梯大樓的屋主，也未嘗不可使用紙磚，它可做為室內隔間、或者在西晒的牆面再增加一道紙磚內牆，然後用木板或矽酸鈣板封起，就可以減緩熱輻射量囉！

紙磚前置作業

紙漿攪拌拖車

1 | 準備一個 160 公升的大型塑膠桶或鐵桶。雖然一般大型垃圾桶也有160公升的容量，但底部較窄，建議選擇矮胖底寬的水桶。底部中央須鑽孔，讓攪拌軸和攪拌器可以相接。桶子側面則開一個直徑約 8 至 10 公分的孔，可以讓紙漿排出。

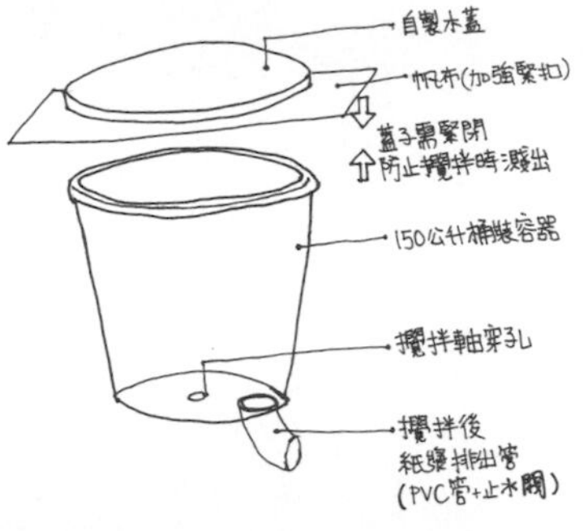

紙漿攪拌容器示意圖。底部圓心處鑽孔、讓攪拌軸穿過，靠近圓周處則開一 8 至 10 公分孔洞，接上 PVC 管，在紙漿攪拌均勻後可順利排出。

PVC 管末再接橡膠軟管，攪拌時要綁住，攪拌完之後鬆開就可讓紙漿流出。

2 | 製作一台連結攪拌軸的推車。這個推車前面有回收的拖車連接軸，可以讓攪拌拖車與約翰的貨車結合。約翰的做法，是用 C 型鋼焊成三角形當骨架、再用木心板當底，然後將桶子固定在木心板上，骨架下方則安裝輪子，拉動輪子時會帶動攪拌軸的刀片，拖車底部的高度要比磚模的高度高，才不會在灌模的時候卡住。國外也有比較簡易的方式，直接用木心板當底材。

自製或回收「車輪帶動器」，藉由車輪轉動帶動齒輪使攪拌軸刀片轉動，在製作時要記得讓攪拌軸刀片保持水平，才不會刮到桶底。

約翰自製的拖車骨架，後方為再利用之車身。

圓鋼管可以用來控制桶子的傾斜。

紙磚模板

用木心板裁切，製作出每單位長 40 公分、寬 15 公分、高 15 公分的磚模，底部中空。約翰做的磚模大多以 4 個磚及 4.5 個磚為一組，0.5 個磚主要用於轉角及遇到樑柱的收邊使用。

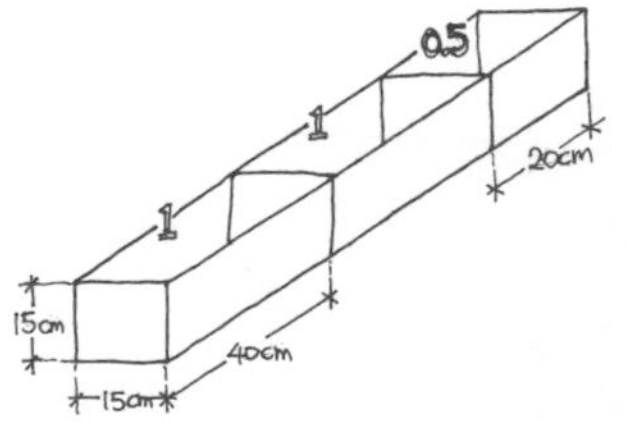

紙磚模示意圖。

通常一組可以隔 4 個或 4.5 個磚模，此處則為 2 個。

紙磚製作步驟

1 將 10 公斤的報紙浸濕後，放到攪拌桶內。

2 報紙都濕透後，把 10 公斤的水泥倒進去，再把水加至約 150 公升的量。

3 為了降低攪拌軸刀片的負荷，可先用人工攪拌機做初步混勻。

4 接著蓋子扣緊，避免紙漿噴出，約翰用回收的鐵件搭配木條使之緊扣。

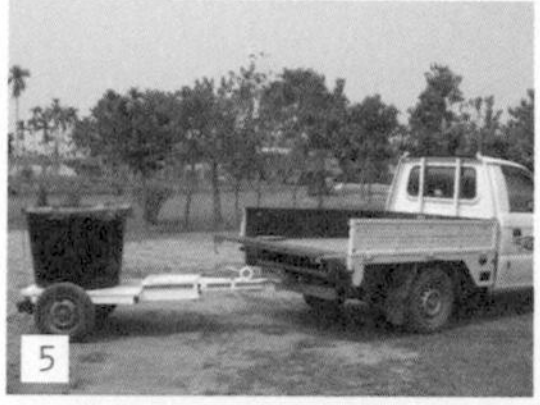

5 將拖車扣在車子後方，開始緩慢拖行 0.8 公里，時速不要超過 5 公里，以免刀片斷掉。（國外有些做法並沒有蓋上蓋子，就會有紙漿四處噴濺的情況。）

6 充分攪拌均勻之後，將紙磚模排列在 PVC 管下方，並將 PVC 管的活塞拔掉。

7 使紙漿傾倒、均勻分攤在紙磚模上。

8 由於紙磚模是中空的，為了不讓紙磚沾到地面上的雜質，建議墊上透水布料，後來發現競選旗幟的質料既有韌性又透水。靜置約半小時，清澈透明的清水會從紙磚中滲透出來，這時候就可以將紙磚從模具中移出，靜置 45 小時後可以移到遮蔭處繼續陰乾。

9 原本重達 5 公斤的紙磚，在完全乾燥之後重量會減輕到 1.2 公斤。

10 為了要讓紙磚完全適應當地氣候，將紙磚置放在通風處、並確保雨水不會噴濺到，至少還要再存放二個月才開始使用。

◣紙磚、紙漿、表層紙漿的比例◥

紙磚

1| 報紙：水泥：水 =1 公斤：1 公斤：15 公升。也就是說，報紙與水泥各約 50%。

2| 約翰使用的桶子容量為 160 公升，因此每次製作可攪拌的量（1mix）為：
10 公斤報紙＋ 10 公斤水泥＋ 150 公升水＝ 18 ～ 20 塊紙磚
熟練之後，約翰一天可製作 100 塊紙磚，約翰的 23 坪「報紙屋」用了 1300 塊磚。在分攤原料之後，概算出一塊 1.2 公斤的紙磚其成本約 2 元（坊間紅磚單價為每塊 3 元）。

紙磚的徹底風乾時間約 3 ～ 5 週，圖為新一代的紙磚，內置入回收的寶特瓶，可以降低紙泥漿的使用量、重量減輕、寶特瓶中的空氣層也可以幫忙隔熱、保溫。

當水份蒸發後，紙磚從原本的 5 公斤變成 1.2 公斤。

紙漿

1| 紙漿是用來接合紙磚與紙磚之間的材料，就跟磚造屋的磚塊之間要塗泥漿一樣。

2| 因為要保持潮溼的狀態，一次不能取出太多，混和比例約 8 公斤報紙＋ 12 公斤水泥＋ 150 公升水。比例約為 40% 報紙、60% 水泥。

室內牆面塗佈

1| 第一層（粗胚）
當紙磚疊好之後，要在表面塗佈第一層保護層，有點像是打底，質感較為粗糙、水泥濃度較高。

2| 第二層
與第一層的比例相同，只是要再加上 5 公斤的砂，組合比例約為 10 公斤報紙＋ 15 公斤水泥＋ 5 公斤砂＋ 150 公升水。

在室內特別預留一個說明框，清楚顯示紙磚牆、第一層、第二層。

戶外外牆表面則另外再多上一層矽膠漆，用以隔絕戶外濕氣，觸感就跟矽利康一樣柔軟。

室外牆面塗佈

前兩個程序同室內牆面塗佈，不過，在底層與第二層之間，另外鋪設一層雞網，用以有效分散牆面遇到強風及地震時的力量。最後的表面層是上防水塗料，用以防雨水。

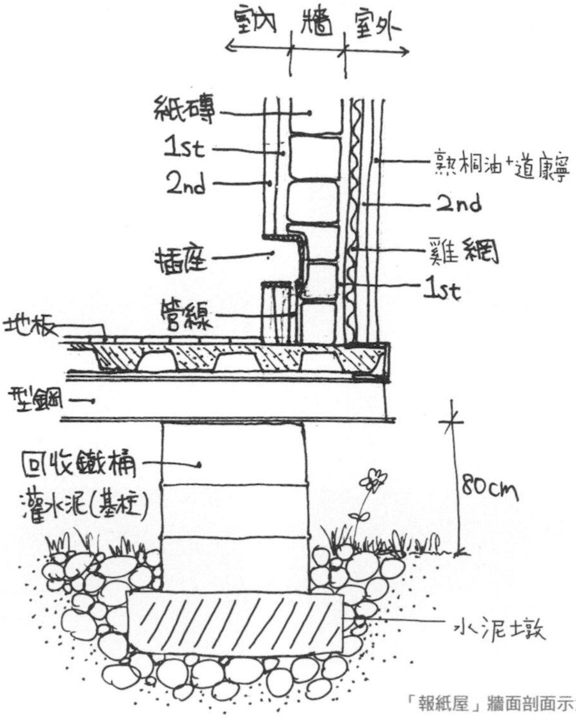

「報紙屋」牆面剖面示意圖。室外牆多了雞網及防水塗料的塗佈。

蓋屋重點摘要

紙磚會吸濕，房子地板需離地面一段距離。「報紙屋」的主結構是木構造，柱子之間的間距須經過計算確認安全無虞。

遇到管線處，紙磚只要用美工刀裁切就可以塑形，再用紙漿將留白處補滿。

窗框與牆面的交接處，要用不鏽鋼鐵板隔離，以免被紙磚吸到水氣。

在吊車的幫忙下，四道桁架陸續「上架」。因為還沒完全穩固，在兩側用 C 型鋼斜撐住結構體。

接著是屋頂，將含有隔熱棉的琉璃鋼瓦鋪在輕鋼構的屋頂骨架上。

接著就是牆體部分。紙磚需花時間試驗及風乾，因此先以選舉旗幟當做暫時的擋風擋雨。

紙磚與地板之間，以紙漿當黏著劑固定。

第一層紙磚與地板間用大頭針固定，有點像鋼骨與水泥間用剪力釘固定。紙磚右側有管路，右下角用刀劃出小凹槽即可卡住水管。

側面也要塗紙漿當粗胚。紙磚比木柱靠外側，跨過木柱的紙磚，中間挖掉木柱佔的空間。

裝上窗戶。木框由約翰製作，裡面的鋁門窗及彩繪玻璃則是訂製。

窗戶下面與四周堆上紙磚，窗框與紙磚之間的細縫也要填滿紙漿。

窗戶下面與周邊的紙磚乾掉之後，再繼續砌之上的紙磚。

室內粗胚乾掉之後，再上第二層含砂的紙漿。

西側牆體大致完成，塗上第一層粗胚做保護。

室內屋頂封板前置作業，用角料先設好框架。

自行爬上鷹架，將矽酸鈣板釘在框架上，封好之後再以補土收邊。

地板請工班來鋪磁磚。磁磚具有木頭紋理及清涼的磁磚觸感，對連春來說比較好清理。

原本報紙屋的牆面是綠色的，不過整體看起來太像大郵筒，所以又漆回白色。

蓋屋過程摘要

1 基地原況。一整片野草，並以檳榔林為界。

2 放樣，並打算以回收的油桶做為地基。

3 將 5 分鋼筋折成圓形。

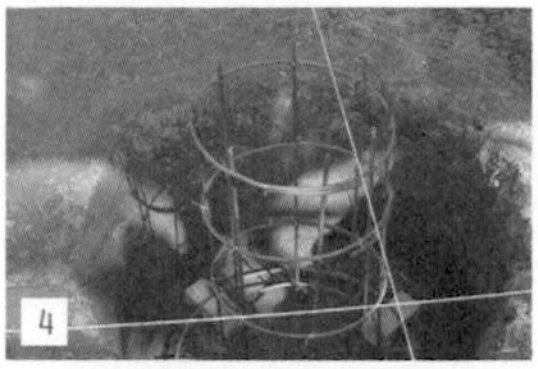

4 與垂直的鋼筋綁在一起。垂直的鋼筋底部往外擴張至直徑約 100 公分，是油桶直徑的兩倍，填滿水泥乾掉之後，做為油桶的基礎。

5 再將水泥也填滿油桶內側，並以土壤將油桶周圍的高差填平。

6 油桶穩固之後，就成為 H 型鋼地樑的有力支撐基柱。

7 在 deck 板上面鋪好鋼筋、再用二手水泥攪拌機製造水泥，經過多次抹平始告完成。

8 用鋼筋仔細串起四截油桶階梯，灌漿後就會固定不動。

9 輕鋼構小屋的部分組好完成。

10 自行裁切出木結構支撐的卡榫及組合單元。

11 樑柱部分很快就組合好了，真正的難度是屋頂上方的三角桁架。

12 也是使用舊木料回收的三角桁架共有四面，圖中為外側，要鑲嵌彩繪玻璃。

13 外側蓋上防水毯之後，再釘底板（左），然後再釘最外層的魚鱗板（右）。

14 內側的兩個桁架需更加堅固，約翰自行切割鐵板，它們形狀各異。

15 原來是用來補強木桁架之間的連結點，猜到了嗎？！

土團屋

揉捏而成的手工房子

什麼樣的人，會願意不計時間代價，用一顆顆的土丸子，又搓又擠又壓地堆成厚實的土牆？什麼樣的經歷與成長環境，會讓人對大地不敢冒然、會對土地及大樹產生疼惜之心？透過這間土團屋自然建築，來聽聽簡姊的故事吧！

※本篇部分照片及施工過程圖片由受訪者提供，特此致謝。

family story

屋主 / 簡姐、三哥
部落格 / 大自然的女兒 www.wretch.cc/blog/naramitta

取材時 2009 年 11 月 / 簡姐 58 歲
買下台東土地 / 2005 年
除草、挖溝預埋管線、菜園臨時澆灌系統 / 2008 年 7 月 21 日～ 7 月 24 日
新模型製作 / 2008 年 8 月
定點、放樣、定高程、地基開挖 / 2008 年 10 月 1 日～ 10 月 4 日
牆體建構 / 2008 年底～ 2010 年 2 月
牆體養護 / 2010 年 2 月～ 2010 年 8 月
上表土 / 2010 年 9 月
已於 2011 年中旬完工

house data

阿牛村自然建築
地點 / 台東縣東河鄉阿牛村
地坪 / 2.5 甲
建坪 / 約 40 坪
建材 / 土、木、竹、砂、石、自調水泥、可樂瓦、束線帶

這是美好而難忘的一天。我好喜歡簡姐的聲音，優雅、自在、親切！當我們倆傍晚在柴山海邊，襯托著海浪與海風聲，她緩緩地用台語輕聲唸著詩與繪本，好像回到小時候，依偎在母親懷裡聽她說故事，滿滿的溫暖回憶瞬間湧現。

和簡姐的相約，是因為她在台東的阿牛村自然建築，之前由朋友帶路，曾來到現場參觀，當時兩名工人一個正在夯土、一個正用砂土砌階梯，以一步一腳印的方式緩慢進行著，房子的材料以土為主，木、竹為副，這樣的房子會讓人忍不住想摸它一把。而願意不計工期與代價蓋這間房子的屋主，恐怕也是國內第一位吧，那麼，簡姊的動機是什麼？她為什麼會願意這樣做？

我們在柴山一處在地人才會去的海邊崖上聊著，泡茶、吃飯，從下午聊到接近半夜，簡姊將她的故事說給我聽，也分享了她的人生觀點。

簡姐，全名簡秀芽，同時洋溢著孩子般的童稚之心、以及生命事件積累的睿智優雅。在高雄師大附近經營「御書房」至今已二十六年。她小時候住在嘉義梅山的深山裡，傳統三合院裡，從家門口就可以看到壯麗的大塔山、飄渺的雲海和千變萬化的風景，當大人外出務農，小朋友就去屋旁溪底玩水。

「小時候，雖然大人們一再禁止，但我們還是冒著會被挨打的風險，跑到溪邊去玩。我會去溪邊讀書，大石頭是白板、小石頭是粉筆，寫在大石頭上面的想法、創作，會隨著時間漸漸淡去，感覺很微妙。」簡姐說，「老家後方有一棵櫸木和一顆巨型大石

頭、屋前也有兩顆大石頭，我們很愛在那裡爬上爬下、放流籠（小孩子模仿大人空中運輸方式的遊戲）。記得我父親曾說，如果哪天發生了不可能發生的開天大水災，這個較高的嶺坡上的大石頭應該是較安全的。」沒想到，父親認為不可能發生的隱憂，竟在半個世紀後發生了……

1｜土地上都是二十年以上的大王椰子。

2｜買了地之後，有三年時間多以搭帳篷的方式度過，在此靜坐、烤蕃薯、整理環境，衣架是用木頭搭起。

3｜在蓋房子期間，所有現場施工者的食物來源，都要靠這塊菜圃了，所有的人都得吃素。

4｜房子的地板也是天然材質，經過多次重力去夯實。

5｜簡姊的老公三哥與阿牛村的原地主鄭老師簽約。他們坐的竹椅，是鄭老師前一天順手搭成。

6｜買了地之後，有三年時間多以搭帳篷的方式度過。

7｜施工後期，簡姊邀請幾位朋友一起來做房子後方的土椅。踩土混稻草、並用工具夯土鋪平。

8｜簡姊拍下她學姊汗水淋漓的一刻，直讚好美。

5

1

6

2

7

3

8

4

大地不是反撲　而是承受不住

二〇〇九年八月八日凌晨十二點，莫拉克颱風侵襲那晚，山區停電了。二弟從木屋住處看到溪流成了土石流，石頭摩擦產生的閃光照亮了夜空，整個大地都在震動。於是要求住在老家的父母親及堂弟一家人移到木屋一同作伴。半小時後，土地再次震動，二弟新屋前院出現了土石泥漿，大家覺得狀況不妙，快速穿上雨衣從木屋逃出，此時手電筒往上方三合院一照，房子的正廳與左廂已不見、一波從屋後衝過來的土石流瞬間蓋掉了六十年的老房子。大夥兒移到地勢較高的車庫，土石流漸漸逼近，為了安全再往後退到小小的肥料庫，從肥料庫眼睜睜看著車庫中的六輛車一輛輛被土石流帶走，接著是車庫旁的電線桿、龍眼樹……視覺與聲音一波波襲來，讓人根本來不及恐懼。一家九口包括三個七十多歲的老人家、四個中年人、二個年輕人，一同撤退到木屋前的大石頭上逃命。衣服已淋濕的老人家身體顫抖著，全家人都窩在大石頭上直到天明……

「雨持續地下著，土石流兩路夾攻在石頭四周，水面越升越高、都已噴到腳了。二弟事後說，若雨量沒有變小，只要再兩分鐘，就無處可逃了。」簡姐說，「是老天要留他們，在這個緊要關頭，土石流因為向下刮深而使水位瞬間下降，雨勢也突然變小，空出一條逃生路讓他們可以逃到另一顆大石頭。移到這顆石頭不到半小時，剛剛保住他們性命的大石頭也因被掏空而沉落！」

1

2

3

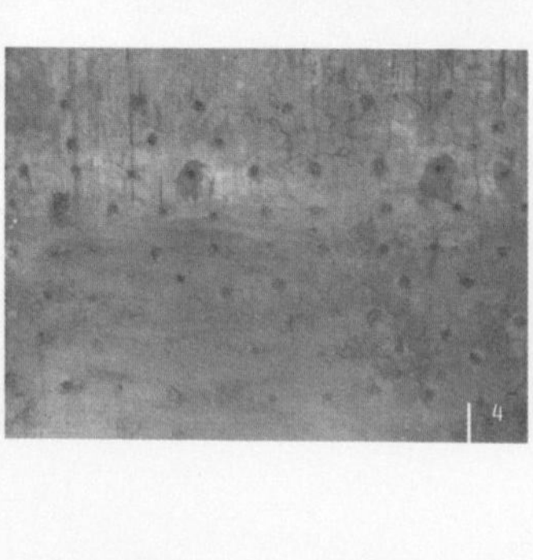
4

5

到了白天，一家九人只專注於逃命，加上氣候不佳，直升機來了又折回，只聽見聲音不見機身，等不到飛機救援的家人在希望與失望間百般折騰。幸好黃昏時雨勢漸小，大夥兒躲到二弟的屋簷下，又幸好有一包回收的乾報紙加上堂弟身上的打火機，起火烘乾身上的衣物，也烤一點食物充飢。火，溫暖了家人的身與心，讓幾近失溫的老人家漸漸恢復了精神和體力。連續三十一個小時沒有闔眼的家人就這樣一起圍著火堆再熬一夜，等待另一個天明直升機來救援。

1｜架好木梯子後，就可以走到二樓，二樓結構及材料為竹木混用。

2｜一、二樓的屋頂，大根孟宗竹每45公分就排一根當底架，然後將較細的竹子垂直架在大竹上方，並與板材縫在一起。

3｜雖然國外的土團屋常是搭配野草屋頂，但考量台灣雨多及下方用的是竹子，故改用可樂瓦。

4｜外牆表面孔洞痕跡，是要讓剛堆好的50公分厚土牆，內部濕氣得以排出，待土牆乾了之後，再將孔洞補平。

5｜牆上的幾個色塊是試色，將來會塗在土牆表面的石灰沙漿上。

6｜西側的衛浴空間，石頭堆砌得較高，可以降低淋浴時水噴到牆面的機率。

7｜土團屋的特色就是很少直線，不論是外牆、內部隔間、甚至天花板，都可能是曲線的。

8｜較薄的竹編灰泥牆做為室內隔間。

7

8

八月十日一早，直昇機終於抵達，停在大石頭下方的茶田裡。「這次全家人得以保命，依靠好多關鍵與環節。第一個關鍵、也是最重要的關鍵，就是屋後的大櫸木與大石頭。」簡姐說，「能抵擋大自然災難的，不是屋旁順著溪邊所建造的人工堤防，而是大樹與大石。能抵擋大自然災難的，正是大自然！」

「八八水災後，我們回到了山上。因為大水沖走了土石，可以看到大櫸木盤根外露，緊緊牢牢地抓住土與石，既廣、又深，大櫸木與大石抵在前頭，將原本直衝下來的土石洪流一分為二、分成左右兩道支流，使得我們家園成了汪洋中的一座孤島，這小孤島讓家人得以逃過劫難。如果沒有大樹與巨石，洪流就不會轉彎了。」

之後，簡姐經常回老家探望老櫸木，擔心受傷的大樹不能繼續存活，每回去總抬頭檢視著枝頭是否冒出新芽、嫩葉，是否還繼續健康茁壯？心裡叨叨念著希望櫸木好好活著、做見證。

水泥路來了，山百合就走了

「我曾經是快樂的內山人，十三歲時離家去都市學校唸書，第一次看到火車與樓房，也才接觸到城市的生活模式，迥然不同於山上。」簡姐回憶說，山上老家，玩具不用買、都自己做。人與人、人與自然之間的關係和諧，彼此分享與幫忙，少以金錢為交換，過著與世無爭的生活。

然而，方便又堅固的水泥漸漸往山區蔓延，電視也帶來資訊和生活的衝擊，加上政府未對山區使用有永續之規劃，影響了山上的價值觀，淳樸的山上生活日漸消失。「每次回到山上，心裡都在淌血。」

為這些感受，簡姐曾寫了幾首台語短詩，那天她用台語唸給我聽，在她對土地充滿情感的聲音裡，我約略可以感受她對大自然的深情。許是山裡長大的孩子，大自然撫育教導的孩子，內心不斷有回歸山林的召喚；回歸自然，如同回到母親的懷抱。

二十多年來，簡姐與老公三哥朝回歸山林一步一步邁進，他們從嘉義找，一路找到台東一塊座山望海的椰子林地。

「這裡真的好美！雖說是靠山，離海有一小段距離，但是一百八十度寬闊的視野眺海，更為寧靜。買下這塊地之後的三年內，我有空就來搭帳篷過夜，也曾一個人在此度過滿天星空、兩個人一起迎接颱風、許多人一起唱歌聊天的燭光晚會……」

三年多的帳篷度假生活，每次來就住上幾天，除草、聚會、靜坐、過中秋。透過阿牛村，簡姐與土地有了更緊密的連結，「我很難想像在這裡蓋起一般常見的房子……我不斷思考，怎麼蓋才不傷大地、不損美感？能與大自然和諧共存？」

最後，在聽完林雅茵建築師前去美國跟景觀建築師 Ianto Evans 學習建造土團屋（Cob House）的講座後，十分心動，決定請雅茵擔任阿牛村房子的建築師，蓋一間自然建築。

1｜微微曲線的屋頂，讓雨水可以順著重力流下，局部並用切半的竹子承接回收的雨水。

2｜養護中的石灰靜置在房子不遠處。

3｜在台東，東晒比西晒來得熱，將房子東南向的屋頂外拉，可以直接創造遮蔭，做為訪客聚集聊天的空間。

自然建築與現代主流建築最大的差異有二，一是建築材質、一是建築系統。材質上針對在地環境來選擇設計，房子最終可回歸大地、材質可再利用；建築系統上，則是仰賴人的勞動力更甚於機械科技，因此怪手卡車等機械，必須適當控制。其餘部分，則依照居住者的需求來調整。

在長達兩年的蓋屋過程中，雅茵身兼建築師及工頭，帶領毓玲、旭峰、怡君等自願參與的工班，以及阿美族、在地工人，組成自然建築的施工團隊慢慢進行。期間為讓更多人參與自然建築的樂趣、並節省成本，在土牆階段，簡姐也號召一些志工來到現場幫忙，揉土球如同遊戲，看著簡姐提供給我的照片，大家用丟拋的方式傳土球，忍不住讓人微笑。大家樂在工作、不亦樂乎。

芬芳泥土味　心兒都軟了

「當然，一般主流價值會用金錢及時間來衡量一間房子，即使是我的親人，也有人不苟同自然建築，『太慢』是他們共同的看法。我是完全認同自己的選擇啦！對我而言是對自然的一種宣示、是我的心對大自然的具體表達，而且，能夠親身體會是無價的。」

對簡姐而言，土團屋最有趣的地方，就是與一群朋友做土團、壓捻土牆。主要的牆面建材是來自基地開挖時的土壤，將土壤混砂與水後，以雙腳踩踏，到了適當的稠度再加入稻桿、續踩踏，

直到可以塑造的濃稠度，接著用雙手搓出一顆顆比掌心略大的土球，再將土球緊密地揉壓融合在既有土牆上。

「好像回到小時候玩泥巴、搓土球的感覺！當我們雙腳踩著泥土、十指揉捻著土球時，聞到泥土的芬芳香氣，它讓我感覺到生命與自然融為一體，十分享受。」簡姐很開心說著，「由於是一小球一小球慢慢揉捻堆砌，牆面的進度很慢很慢。不過大夥兒都很享受，從一顆顆的小土球，慢慢揉壓成一整面的手工牆，這過程本身就是價值。」

1｜曲線屋頂創造出寬敞的前廊大平台，可以遮住太陽在最熱時路徑的輻射熱，成為半戶外的多元空間。

2｜美麗的土牆近照，稻桿混在土牆之中，手感與質感十足。

3｜起居室與廚房之間的門樑處理方式。

4｜牆面上挖出幾個凹槽，將來上色後會更明顯，可以當成「置物櫃」。

5｜東側起居室開四道大窗，讓空間通風，再搭配拉長的屋簷，十分涼爽。從起居室踏上階梯便通往廚房與大前廊，而且也透過上方小窗與二樓換氣。

6｜拱型的窗戶，需先有角料與拱型模板支撐。

7｜廚房的管線均已埋好，底部顏色較黑的兩面牆是編竹夾泥牆。根據木工阿鴻的解說，它的背面是比較窄的走道，編竹夾泥牆比土牆薄，沒有承重功能，只單純用來做隔間牆。

8｜與前廊平台相接的是廚房，左側則為衛浴，廚房裡面右邊的門通往起居室。

9｜一、二樓木頭樑與土牆相接處近照。

10｜爬上二樓之後的「梯間」，地板與屋頂只差一階，可以直接坐在屋頂邊緣。

1

蓋自然建築　並非想像中浪漫

現在，阿牛村的建築已幾乎完成，簡姊給房子的暱稱是「牛舍」（那是阿牛村未來的公共設施，簡稱牛舍），必須再等半年的時間，讓土牆完全風乾、適應環境氣候之後，再上最後外層的石灰壁保護，才告完成。

「自然建築，不只是蓋房子而已，透過它，居者可以找回健康自然的生活，在環境面達到垃圾減量、最終回歸大地的目標。」建築師雅茵說，「然而它給予居者最大的回饋，尤其是在全程勞力參與的過程。」

現在，雅茵會定期舉辦自然建築研習小組的聚會，促成想法相同的一群人共同學習成長的機會。她笑著說，許多人對自然建築充滿著浪漫想像、要求她幫忙設計或建造，「我會先邀請他們參加小組研習，希望他們真正了解自然建築是怎麼一回事。甚至我希望他們能有機會住在裡面。幾次之後，他們會發現與想像有不少差距，並認真思考是否確實準備好將原有的生活方式調整成以勞動為主的型態。」

目前國內從事自然建築設計的還有張瀞今建築師，她不只使用自然材質、還把回收材質考慮進來，諸如輪胎、鐵罐、水泥廢棄物等，都可以是重生再利用的建材，同時也可以建造的十分堅固與舒適。

1｜平坦略帶弧度的屋頂，私密的空間享受天與海。

2｜二樓用木板材取代土牆，將來可做為閱讀空間，可以選擇在房子裡看書、或者到屋頂上。

2

搬厝的山百合

簡秀芽，一九九四

細漢其時，山百合亭亭開在阮厝邊
阮將白色的花蕊挽來插置酒干裡
後來厝邊ㄟ百合不知陀位去
感是為欲種茶，遂將殷趕出去

山百合是山坡上自在的花蕊
清清也芳，恬恬也水
伊較早較早開在阮厝邊

想欲拜託

簡秀芽，一九九五

想欲拜託　怪手別更堀山，挖樹欉
想欲拜託　路邊ㄟ店和厝，別更輕率起黑白搭
想欲拜託　去山頂佚樂的人別將畚掃丟予山
看到焉爾其山　感說你心不疼
看到焉爾其環境　感說你心不驚
是什麼人放予咱的土地直爛？
什麼時辰山百合才ㄟ當搬返去自己的山
什麼時辰火金姑ㄟ當飛返去自己的兜

其實，自然建築最大的不同，在於牆體的施工方式。除了阿牛村的土團牆（Cob）外，還有台灣早期常見的土磚牆（Adobe）、斷木土牆（Cordwood，由木頭的斷面與黏土形成的牆面，如本書代賢家的東面牆）、紙磚牆（Paper Crete，本書的大茉莉農莊）、茅草牆（Straw bale）、客土袋（Earth Bag，在《蓋綠色的房子》中的村上家）……等很多種工法可選擇，惟共通點是偏重勞力甚於依賴機械。

目前，國內已有不少非建築專業的屋主自己蓋，例如本書中的代賢與仲仁、美濃的高傑等。有的比較急著住進去、或者想要降低成本的，就會號召大家一起協力造屋，如果處理得宜，協力造屋將會是一群人自然交心、成為一輩子朋友的機緣。

「透過這次的經驗，我才發現原來我也有能力蓋出一間房子！」簡姊說，「接下來，如果有機會，我還想再打造成一個社區，用這樣友善土地的方式蓋不同的自然屋，看著大家在過程中汗水淋漓的樣子，好美！」

1｜不論是十年前或是去年，家旁小溪總是能讓簡姊開懷大笑。

2｜莫拉克颱風造成土石流，三合院三分之二被覆蓋，木屋地基被挖空、樹幹與水泥破窗而入。不幸中的大幸，是一家九口全部安然無恙。

3｜簡姊與家人在救命恩石上面合照。

4｜從來吉往梅山看簡姊老家。三合院的右廂一側有道人造堤防、左廂一側以及正廳後方，則都被種植大片檳榔樹。大櫸木跟兩顆大石頭緊臨在三合院背面。

5｜二弟在二〇〇九年初，於三合院下方蓋了夢想中的木屋，右側是自家茶園。

6｜小孩子們喜歡在房子旁的大石頭上爬上爬下，這顆石頭在五十年後成為家人的救命石。

沒有水泥與鋼筋的地基

一反傳統的地基做法，此處沒有使用水泥或灌漿的方式，而是以石頭及碎石來當地基的主要素材。不但讓基礎本身得以排水，日後若房子有變動，地基的素材也可以重複再利用。

地基的開挖是經過仔細放樣，因此雖然是自然曲線形，寬度皆保持在 80 公分左右。（圖片提供＿林雅茵）

夯實的工具都取自於現場。包括砍除的椰子與野樹。椰子截斷之後成為夯實的道具。

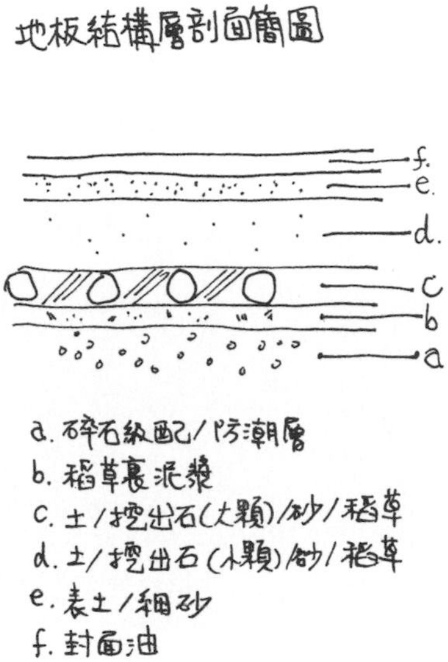

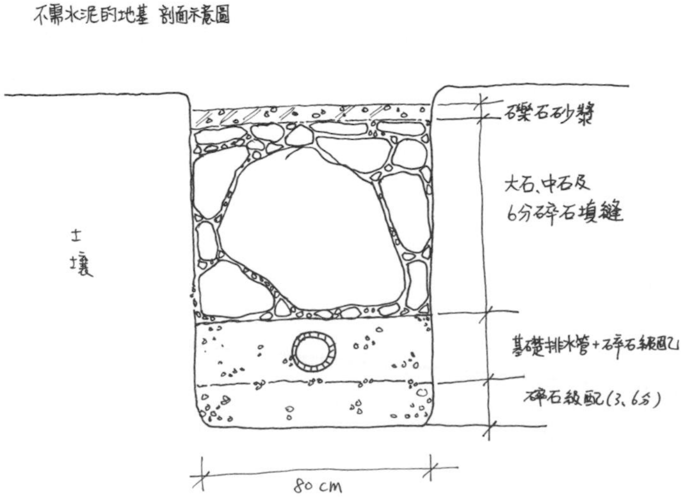

如圖，地基主要分為四個層次，每個階段完成均需確實的夯實，並且標記高程。高程標記的動作，從基礎最底、基礎排水系統到級配鋪設，可確保地基每個角落所填的厚度相同。

自然建築——土球揉出的土團屋

土團屋（Cob House）的工法，據說從史前時代就已經運用了，不過直到十四世紀才開始有真正的紀錄和模式傳承。土團屋最大特色之一，在於它的土牆需要依賴大量的手工，在早期，要蓋土團屋，村人就會聚集一同造屋，在搓揉土團及堆土牆時，也產生了人與人之間的互動。

用篩網將土壤中的石礫部分篩出。通常需要兩人一起晃會比較有力道。

土壤混砂，比例約 3：7，用腳將土壤混些微水分，多次踩踏成粘土狀，稍微均勻後再加踩入稻草桿。

透過腳底觸感，感覺土壤變得很有可塑性時，將帆布直立使粘土翻面。

用雙手開始捏揉土丸子。參與者很容易喚起小時候玩泥巴的回憶。

捏好的土丸最好是當天需要的量，在尚未全乾、仍有可塑性時壓入土牆內。經過踩踏，稻草桿已均勻混入土球內。

將土球用手及短棍壓入先做好的土牆，必須盡量讓土球的稻梗與土牆的稻梗相互交纏。在壓上方時，手也要扶著側面，側面才不會裂開。

厚度約 50 公分的土牆進度，一個人一天大概做 50 至 100 公分長，是純手工的牆。

夢想的 feedback

心安的節奏

我只要在田裡持續耕作，我就有一個基本生計；
我只要在田裡持續耕作，我就對環境有發聲的機會；
我只要在田裡持續耕作，我就能持續影響周遭的人事物；
這樣，就很完美啦！

——賴青松

※ 本篇部分照片由受訪者提供，特此致謝。

family story

屋主 / 青松、美虹
聯絡 / 青松米・穀東俱樂部：blog.roodo.com/sioong/
相關著作 /《青松 ê 種田筆記：穀東俱樂部》，此書為賴青松在宜蘭前四年的田間筆記與生命思索。從移居宜蘭種田、到穀東俱樂部的設立，賴青松堅持有機與生態農法。文筆親切實在，讀者可從中分享青松尊重天地、生物多樣性及簡樸勞動的生活觀點，必讀好書！

取材時 2010 年 2 月、7 月 / 夫 40 歲、妻 41 歲、小孩 13 歲、7 歲
在宜蘭租房子種田、成立穀東俱樂部 / 2004 年 4 月
拆除老工廠四分之一桁架結構與木料 / 2007 年 4 月
申請動工 / 2007 年 6 月
挖地基 / 2007 年 11 月
補照、施工、農忙 / 2007 年 11 月～ 2009 年 8 月
完工入厝 / 2009 年 9 月

house data

穀東・夢想・家
地點 / 宜蘭縣員山鄉
建坪 / 70 坪
建材 / 木架構、木料內裝、烤漆板外壁

半年前參加生態關懷者協會與日和基金會合辦的宜蘭學習營，參觀了青松與美虹夫婦在宜蘭員山鄉的家、聽了青松談「穀東俱樂部」的成立過程，就一直對他們的家、以及其小農生活念念不忘。於是，相約於夏日的午後，全程摻雜著台語的聊天對話，讓人感到十分親切。

已經找到「心安的節奏」

曾經，賴青松是職場上所謂的工作狂，使命必達、冒進、急躁、常常工作到幾近爆肝，「如果我繼續那樣橫衝直撞地工作下去，應該遲早會失速撞山吧。」如今透過種植有機稻米，他已找到生命的節奏，或者，他補充說：「心安的節奏。」畢竟，不同於職場上的業績下限，務農是設上限的，也就是說，收成幾乎不可能超過所設定的範圍，若收成超出上限，那是老天給的。掐指算了算，青松突然睜大眼睛很驚訝地說，「種稻至今已經七年了！是我有史以來做最久的工作。以前最長的工作是四年，最短的可能不到一個月，而現在當農夫，我卻還不想離職，連我自己都覺得不可思議！」

曾經是憤怒青年

再更回溯到大學時代，賴青松曾經熱衷參加各種社會運動，

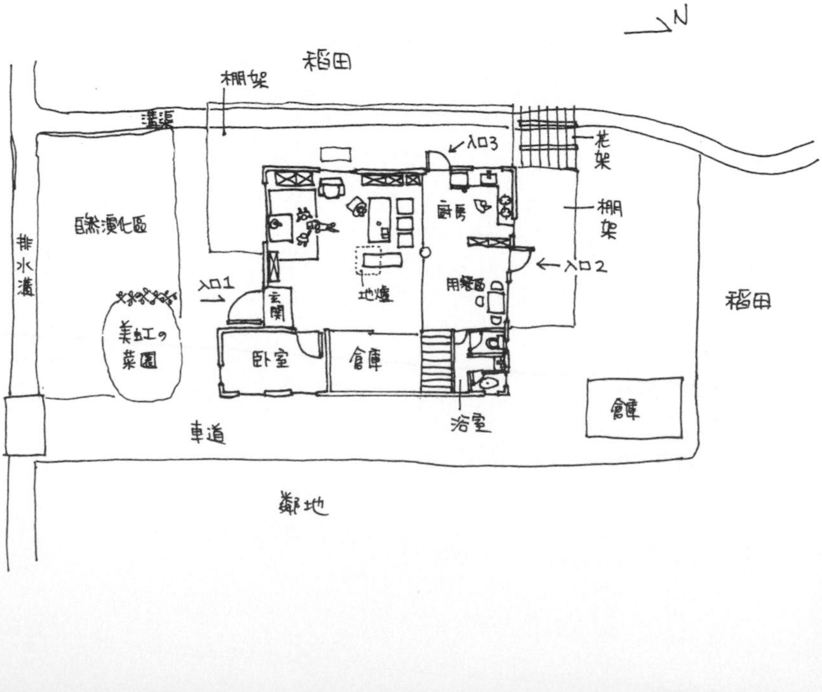

正義、不滿與熱血的結合，讓他成為當時所謂的憤怒青年。「翹的課比上的課還多，常去參加各種抗爭活動。大一反五輕、大二反免洗餐具、大四反核四。」他補充說，「那時候我唸的是環境工程，原本以為可以對環境盡一份心力。但一旦深入，知道企業、工廠對產品製程及廢料的處理方式後，就會得出結論：台灣的經濟奇蹟，除了靠全國人民的辛勤工作外，還要靠一些違背良心的企業去撐持。他們該處理的垃圾不處理、丟到隔壁去，廢料廢水讓許多蒙在鼓裡的老百姓健康受損、土地受到汙染，要我明明知道真相、又要我陷在裡面或裝做不在乎，我真的做不到。也因為背後的這些黑暗，讓我成為憤怒青年、到處反叛。」

「那麼，那群賺到錢的老闆們知道這些事嗎？」因為有點驚訝，我問了個蠢問題。

「他們通常認為這不重要，每個人價值觀不同。」青松說，「像是上一代如我父親，都是亟欲擺脫貧窮的年代，對環境、土地的保護根本都沒有想過。」

介入農業生產　親身實踐環境友善

畢業後，經過幾年的社會歷練，青松警覺到，若繼續走憤怒路線，內心積累的怨念會越來越多，這樣不但不會反擊到那些財團或政客，反而容易遷怒於身邊的親友、同時讓自己受傷。「我發現不能只是『反』，而是要找出解決方案。」他是那種有想法

1.2｜開放的起居室、廚房及餐廳幾乎佔了一樓的四分之三，除了睡覺與上廁所，全家人的活動都在同一個空間中。外顯的桁架讓空間挑高採光足、且熱空氣可直接從高窗處散出，有時屋內外溫度接近，則需搭配排風扇強制排風，室內完全不用裝空調。

1

2

就要去執行的人，試過半農半翻譯、在「主婦聯盟」從採購兼司機一路做到副總經理，「我自問，是否有什麼方法，可以讓自己有經濟基礎、又同時對環境與社會有貢獻？最後，種稻在腦海裡冒出來，立下『直接介入農業生產』的目標，以不灑農藥、不傷害田裡其他動植物為前提，讓自己有穩定收入之餘，又有機會對土地友善，並藉此對大眾發聲。」

要專心當農夫　拒再落入業務模式

現在，他種稻、成立「穀東俱樂部」，提供這些穀東們「青松米」的預購，而且，將耕作面積維持在五甲地左右，不再增加耕作面積。

「難道你不希望鄰近的農民也加入穀東耕作的行列嗎？這樣對這一區的土地有好處、而且俱樂部成員也可以增加啊！」我說。

「不不……」他搖頭說，「他們可以用自己的方式、自己的人脈去推廣有機米，我也可以分享我的經驗。但是若加入『穀東俱樂部』的農夫團隊，等於要增加穀東人數，我得要幫他們去尋找新穀東，等於又要拓展業務、處理一堆聯繫上的雜事，這樣不就又回到之前在都市工作的型態了？我要當農夫，而不是當業務。」根據他觀察，老農們已經難以改變噴灑農藥的耕作習慣，反倒是看過青松種田的一些年輕朋友有意願當農夫，「他們有些是俱樂部的穀東，內心也有一部分渴望成為農夫，但是必須先放

1

下都市的一切，全心全意投入務農才可行，若他們真的下決心這樣做，我也很樂意幫助他們。」

舊工廠桁架回收當屋架與室內柱

一開始種稻時，青松一家人是在農田附近租房子住，後來因需求考量，四年後，決定在岳父的土地、之前也是種植青松米的田地上蓋房子。「一切都以『省』為最高指導原則！然而沒想到，省在前面、花在後面。」青松說，「那時打聽到宜蘭有一處老工廠要拆，就先訂下其中四分之一的木結構，其他部分則由某個宗教團體訂走。當時拆房子時，總共來了近百位師兄師姊，很幸運

1｜相較於附近許多間突兀、外來移民用來渡假的「豪宅別墅」，青松家顯得融入周遭環境多了。

2｜延伸出來的棚架下，可做為煮食的空間。

3｜這一塊田第一年剛接手時，充滿福壽螺、負泥蟲，把細莖嫩葉啃得疏疏落落，發酵不完全的基肥反蝕稻根。第一次穀東聚會，這片田的抗拒讓青松失控落淚、心力潰不成軍。然而，在穀東們堅定的支持與鼓勵下，青松不知不覺在這塊田裡，種下了自己的心，才有眼前飽滿累累、健康自然的稻穗。

4｜延伸出來的棚架很好用，可做為處理食物的空間，局部用透明波浪板增加採光，也是長輩來時坐看風景的地方。

5｜在宜蘭員山鄉一帶，水質很乾淨，常看到有人在水溝邊洗菜的親切景象。

6｜顧及隱私，面對馬路、朝南的大鐵門少開。鐵門上有青松設計的圖案，頭低垂、十分飽滿的稻穀。

有他們的幫忙，拆除過程還算順利。我所訂的舊木料加上幫屋主清運現場垃圾的總費用為十萬元。」

為了省錢，青松決定保留木桁架的三角結構及原有長寬比，而撐起木桁架的H型鋼要與工廠柱一樣高，這樣比例才會正確。「所以我家才會這麼高，並不是故意設計成挑高的。」其他部分的木料，為了省錢，只要堪用就用，除了重新把木桁架清理修補一番，並在結構點上漆防鏽外，木頭本身就不再做防腐。對青松而言，木頭就跟稻一樣有生命，朽了再換就好，要求永遠堅固耐用是沒有意義的。

然而，蓋房子時，正好碰上中國北京奧運，鐵價大漲一公斤要價三十元。再者，還有意想不到的工錢花費，「當時看中這堆舊廠的木料，正好朋友介紹一位有古蹟修復經驗的木匠師傅，我請教他這些木頭是否可以加工再利用，他回答：『ㄟ啊。』所以我就放心買了下來。後來他到我家工地，我把這堆木料掀給他看，他眼睛瞪大問我：『這些木頭怎麼會在你這？』我眼睛瞪得更大問：『你不是說可以用嗎？』結果他說：『我是說它們可以像古蹟一樣修復再利用，但我不知道是你要用！』」舊木頭的狀況十分「有潛力」，若是一般木工是不會願意接手的，但青松心想都已經買下，只好硬拗這位古蹟師傅接手了。師傅當成古蹟般在進行，慢工出細活，然而工錢是以天數計算的，也因此正好把之前狂省的部分全給補了回去。

1

2

1｜青松在房子西側挖出一條水溝，而且也真的用它來洗菜、沖洗髒污，延續在地語彙與生活習慣。

2｜宜蘭沒有中央山脈的阻擋，遇到颱風時，整間房子都會搖晃，不知情的外來移民為了景觀安裝超大型落地窗，結果遇到颱風就破裂了。東向窗戶是直接面對颱風的一面，故都要安裝防颱百葉。

3｜一樓浴室部分的開窗設置成直式斜開窗，兼顧隱私與通風。

破解金錢體系的唯一鑰匙——夢想

蓋房子的大部分經費，都是先跟親朋好友商借，而辦活動、教學體驗，以及美虹超美味的豆腐乳，則或多或少帶來一些額外收入，就可以用作孩子的雜項開支。「我最不喜歡房貸，那根本就是坑人，那樣的金錢遊戲我才不奉陪！沒有房貸我會比較好睡。」現在青松正努力存錢準備償還起厝借貸，全家人每天要吃的米、菜、水果不少是免費的，一些是自己種、一些是與鄰居們相互交換而來，因此這方面不太需要依賴金錢。

透過自力耕種、與鄰居以物易物，青松的生活模式已經擺脫「錢」的部分束縛，對於困在金錢體系的主流大眾而言，實屬難得。「根據我的經驗，能夠破解『錢』的唯一鑰匙是『夢想』。愛情，曾經也是破解『錢』的另外一把鑰匙，不過目前似乎也開始得有條件了。」他計算著他目前耕作的近五公頃土地，一坪市價為一萬五千元、總面積共值約二億二千六百多萬元，而以他每年耕種收益總額約二百四十萬、淨利五十多萬元的速度，他要耕作三百多年才有辦法買。想要過著親近自然、務農生活的年輕人，不一定買得起地；而買得起地的人，通常是用它來渡假。青松很幸運，有一群朋友集資租地讓他耕作，這是夢想發酵的力量。

將夢想告訴人群　自然就會有 feedback

2

3

4

5

「夢想的成本是不計代價付出全力去做，告知眾親友你努力的方向、把消息傳開，如此一來，許多資源都會流向你。舉例來說，我這間房子裡的傢俱，全部都是我散播需要傢俱的消息之後，從四面八方湧入的許多資源，有的甚至是我不熟識的人也請我去載走傢俱。書桌是用腳架搭單人床板組成，廚房的整套廚具也是人家要換新廚房把舊的拆下不要的，沒想到搬來現場尺寸竟然剛

1｜二樓有許多裝飾品是青松去日本留學時帶回的，像是牆上掛的「帝京高校」就是第七十七回甲子園的優勝校，當時慶祝旗幟熱鬧地掛滿整條商店街，青松忍不住便要了一面回來。

2｜為了避免下挖的地爐燒著了地板，用耐火磚將四周收邊，中間則用四塊磚圍住木炭。

3｜在房子約莫中心點設有日式地爐，夏天隱藏在地板下，需要時再掀開來用。用來鉤住鐵鍋的鉤子在冬天時降下使用，同時可以煮茶，又可以取暖、除些濕氣，往上冒的煙也可以燻屋頂木料，減低蛀蟲的機率。有時刻意丟些柑橘類果皮，讓它燃燒時散發果香。

4｜開放的起居室、廚房及餐廳幾乎佔了一樓的四分之三，除了睡覺與上廁所，全家人的活動都在同一個空間中。外顯的桁架讓空間挑高採光足、且熱空氣可直接從高窗處散出，有時屋內外溫度接近，則需搭配排風扇強制排風，室內完全不用裝空調。

5｜許多免費取得的素材雖然還不知道怎麼使用，不過就先放著，遲早有用武之地。

6｜書桌是由兩座沒有桌面的桌架、罩上單人床的床板組合而成，兩張椅子則是好友送的仿古竹椅。

7｜從二樓書桌看去，眼前牆面貼的是回收的耐磨地板、屋頂是回收的桁架。

8｜幾乎都用回收木料搭出來的二樓，主要是青松的書房兼倉庫，內壁材還沒裝上。

9｜衛浴的門十分懷舊，浴缸是朋友贈送的檜木桶，浴室天花板直接將二樓樓板上防水漆。

10｜主要的起居空間是抬升的木地板，而用餐區與廚房則是仿陶瓷磚當鋪面、光滑面的烤漆鐵皮當天花板，較易清理。

9

7

8

6

10

剛好！對朋友來說，他們也許只是舉手之勞，而我，只要有一台三手貨車，就可以到處收禮物了！」青松說，「我會這樣做，純粹是因為我不諳心機，比較爽直啦！所以我會先預設社會多數人都是與人為善，所以常和朋友談論我的夢想、並且真的放手去做，內心深信一定會有 feedback。穀東俱樂部就是最好的證明！夢想的回饋、朋友們的信任，真的讓我覺得自己很幸福。」當然啦，在此要強調，青松是真的去實踐夢想，而不是嘴巴說說；只有真的發自內心、熱血地實踐，才是真正的夢想。

「現在比較不會胡思亂想了，例如，以前常自問，『生命的意義是什麼？』然而，透過耕作，這些問題竟不知不覺忘了，才發現那些思考其實是幻象，它是可以被任何思緒取代的。」就我的理解，「思考」這件事，其實並不是來自我們的內心，而是剛好漂浮進腦海裡面、被我們抓住，我們就以為我們沉浸在那樣的思緒或者情緒裡面，所以青松才會稱之為幻象。在小說《蝕憶之鯊》裡，腦海裡面漂浮的思緒太多的話，是會招來專門吃意識流的陸陶鯊喔！

「百般武藝、不如鋤頭落地」，現在，青松與美虹透過全職務農，順著天地，享受著「心安的節奏」，工作習慣也從以前的短跑調整為長跑。孩子們從小就有機會向自然與節氣學習、在真實的天與地之間呼吸，真的是父母能給孩子最棒的禮物了！

12

2008 年 3 月 8 日，兩個老桁架順利架在型鋼上。

13

前面兩個桁架固定後，再敬告天地諸神，準備上樑。

14

屋頂面板也安裝好了。為了安全起見，雖然已經有 H 型鋼當主要支柱，仍須另外用 C 型鋼來支撐桁架與桁架之間的距離。

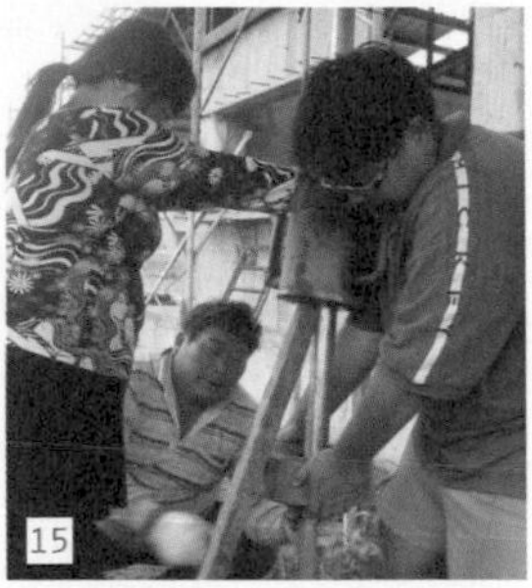

15

在房子旁邊用手工打井，員山鄉水源還算充沛，大約打 6 公尺就有水，不過再更早期一些，打 3 公尺就有水。

16

房子後鐵門上印有舊工廠的桁架圖樣，下面的人群，則是表示靠眾人之力才得以完成；其中的字母 C B G T 是青松家人名字用台語羅馬拼音時的第一個字母。不過也有朋友提供另外一種詮釋：「呷．米．搞（台語發音 gao）．大！」

17

浴室牆面的磁磚，是青松、美虹自己貼的。

18

2008 年 8 月 95% 完工，與親友家人共同合影留念。

19

施工尾聲剛好遇上颱風，雨水從二樓壁材及一樓水泥牆的交接處鑽了進來，事後便針對該處重做防水。

20

內裝的木作部分，用的是狀況不是很好的舊木料，師傅必須花很多時間處理舊料，結果省了料錢、工錢卻變多了。

21

在施作一樓木地板時，就已經預留了地爐的位置。

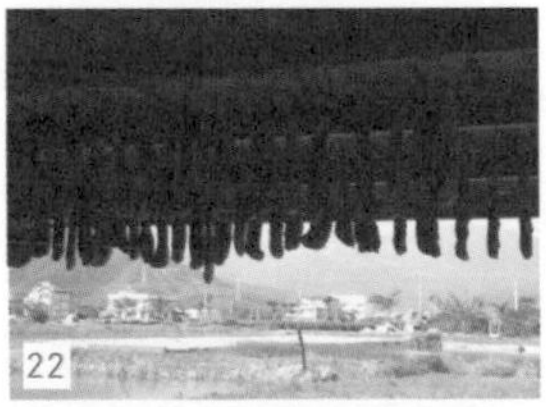

22

冬天，房子旁的雨棚，掛滿了美虹做的臘肉。

蓋屋過程摘要

打算蓋房子前，青松邀集幾位有建築背景、或者對蓋房子有興趣的朋友齊聚一堂，把自己的想法、需求說給大家聽，與大家討論。瞭解了青松的想法後，日後朋友們都會把得知的相關資源轉介給青松。

基地是岳父的田，青松之前也在此耕種過。這是青松邀集友人到現場基地初勘。

唸建築的友人幫青松設計的第二個模型，當時還沒有打聽到舊工廠拆除的消息。

一夥人將舊工廠從完整樣貌到木料拆解，乃至於每根釘子都拔除。

青松自行用機具鋸斷螺絲，也站在堆高機上拆除木桁架。

租了一台平板車，把拆下的舊桁架運回基地。

這是另外一批材質很好的舊木料，原本是樓梯扶手。

動土前先跟地基祖、三官大帝、土地公告知，圖為祭拜三官大帝。

2007 年 11 月 13 日，怪手開挖地基。

四個月後，一樓 RC 結合二樓鋼構的結構體部分已經完成。

老桁架鏽蝕嚴重，大夥花了十天幫木料清理、修補、重組，幫螺絲上防鏽漆！

蓋屋預算表

項目	費用（元）
回收木桁架	100,000
其他回收材	200,000
地基工程	350,000
一樓 RC 結構	500,000
H 型鋼立柱結構	600,000
水電工程	300,000
外壁材	200,000
室內木作	500,000
一、二樓地板	500,000
衛浴設備	100,000
氣密鋁門窗	150,000
總價	3,500,000

專家、工班、建材行口碑推薦

與可竹藝	許春田
推薦語	工作室在台中軍功路，作品散佈全國各地。十分擅長竹材，他幫青松設計日式地爐用的「自在鉤」，極具巧思，也創作充滿現代感的竹傢俱，搭設竹建築。
聯　絡	0932-519-570

鐵工	邱財忠
推薦語	工作室在宜蘭，設計及計算工程十分用心，耐心與屋主討論想法的可能性。
聯　絡	0932-090-442

柯林奇木	游文峰
推薦語	位於宜蘭，提供各式拆屋回收舊木料選擇，價格公道。
聯　絡	0939-127-211

木工	張連誼
推薦語	位於宜蘭冬山，維修與搭建舊木料作工細心，耐心與屋主討論想法的可能性，只做舊木料的室內外裝修，不接新木料建材的裝潢。
聯　絡	0938-160-272

三鈴竹材	楊彥進
推薦語	提供各種規格尺寸的優質桂竹及各類竹材，堅持只用台灣在地產的竹子，價格公道。
聯　絡	0932-614-164

友善土地，友善的家

生活才是主角不是房子

為了讓孩子接受完整的華德福教育（Waldorf Education），綺文與吉仁從台北移民到宜蘭，並在有限的預算內，以十個友善的設計觀點蓋了一間房子，同時善用土地資源，朝著提高糧食自給率的理想生活邁進！

※ 本篇部分照片由受訪者提供，特此致謝

family story

屋主 / 綺文、吉仁
部落格 / goodsimplelife2009.blogspot.com

取材時 2010 年 2 月、2010 年 7 月 / 夫 45 歲、妻 47 歲、孩子 Life 7 歲
決定讓孩子就讀宜蘭慈心華德福國小 / 2008 年 1 月
覓得現居土地 / 2008 年 3 月
買地、開始跑照 / 2008 年 4 月
移樹 / 2008 年 10 ～ 12 月
蓋資材室 / 2008 年 11 月
搬到宜蘭 / 2008 年 11 月
農舍地基開挖 / 2008 年 12 月中
農舍完工 / 2009 年 4 月底
運用樸門設計規劃土地 / 2008 年 12 月至今

house data

Good Simple Life
地點 / 宜蘭縣冬山鄉
地坪 / 456 坪
建坪 / 39 坪（不含露台）
建材 / 結構為鋼構、內外壁材為木造

　　就我所知，大部分生活觀前瞻、相知相惜的夫妻，通常選擇不積極參與人群、不過問太多世事。比起來，綺文與吉仁簡直是十分入世的英雌與英雄，夫妻倆個性雖迥異，但對大環境的愛卻毫無顧忌地付出，在還沒認識他們兩位之前，就已久仰大名了。

　　多年前，他們還住在新店花園新城社區，與當時許多位住戶致力於改善居住環境。「一開始所有住戶並不相識，後因原建商負債，將花園新城賣給新建商，新建商不斷主張其所有權，經常與社區管委會及居民對立，使社區更新發展受到許多阻礙，部分無法忍受的住戶紛紛搬走，其餘的就要忍受時刻的威脅。」吉仁說。這些行為，之前已有耳聞，砍老樹、隨意斷水斷電、在社區溪水邊玩水也會被控告侵犯建商私人土地……於是開始有人組成社區管委會，懂法律、財政、不動產的住戶們，負責維護整體社區的權益。對環境、人文及社區議題有興趣的人，負責構思社區活動、強化社區住戶之間的人脈網絡，甚至還出現了社區貨幣。

曾經致力於流浪動物救援

　　「同一時期，社區內出現越來越多被拋棄的流浪狗，我和綺文天生就愛狗，當時已經養了八隻。於是我們倆就投入流浪動物救援計畫，包括受傷動物救援、TNR（原地結紮放養）等，有效控制流浪狗的繁殖數量，又可以免於將牠們送到收容所安樂死。」不過，動物救援並不是一件輕鬆的事，「常常，睡到半夜

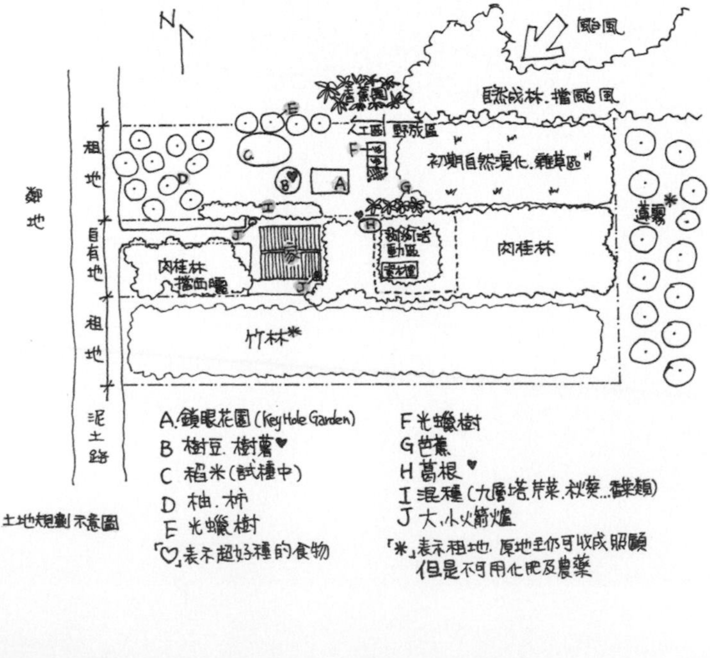

土地規劃示意圖

接獲社區住戶通報，就得出門救援。那時兒子 Life（賴頫）才幾歲大，我們不能讓他一個人留在家裡，得揹著他出門。現在想想，真覺得好像有點過頭了。」

原本兩人是決定不生孩子的，Life 的來臨的確是意外，但當時綺文已四十一歲、吉仁三十九歲，在心智上都算較成熟穩定的階段，從另外一個觀點來看，反而對小孩有益。

搬到宜蘭　讓孩子接受華德福教育

為了要讓 Life 有比較自然、不受制式約束的環境成長，綺文很早就打算舉家搬到宜蘭，讓孩子接受以人智學為出發點的華德福教育。「華德福教育主張每一個孩子都是獨一無二的自由心智個體，應該自由形塑出自己想要成為的樣子。」現在擔任班上家長委員的綺文說。

1｜吉仁運用廢木料替鄰居阿伯做的挑高貓餐桌，以改善九隻狗兒女外出放風時造成的干擾。

2｜在蓋資材室時，就已經打井取得地下水。置於前院的手壓水幫浦，可以讓孩子體會，凡事須經過一番勞動才能有所得。

3｜應綺文邀請，每週三上午，農夫美橋都會來房子前的肉桂林裡擺攤，村莊裡的太太們也會專程前來買菜，大家稱之為「美橋市集」。

4｜綺文定期在家裡舉辦織毛衣聚會，透過邊織邊聊，交換在地訊息和想法。

「不過，有些家長認為，受華德福教育長大之後的孩子，會失去競爭力？」我問。

「何謂競爭力？」綺文反問，「如果指的是文憑與證照那些主流體制的競爭，諸如經理人、博士碩士……的確很競爭。然而如果今天我的孩子擁有的能力是獨一無二、無可取代的呢？那也許就連競爭都不需要了。」

「華德福教育的要求，國小孩童盡量不要接觸電視與報章雜誌，因此孩子的想像力不會被海綿寶寶與皮卡丘給定型，也不會接觸到既定的社會價值觀；學校沒有成績單與作業，低年級的孩子上半天課就回家跟家人相處；到國中才會讓孩子在有判斷能力的狀況下，開始接觸電腦。」這讓我聯想到，曾經有屋主不在乎自己的孩子成績好壞，對他們而言，成績越好，就表示孩子被社會化越「嚴重」。

「一位親戚的兩個孩子，從小就補習、念雙語學校，光是花在孩子身上的教育學費一個月近十萬元，來我們家時，兩個男孩子正襟危坐，對什麼事情都沒有好奇心，只會比較自己的成績與學業。另外一個朋友，夫妻倆只有一個女兒，媽媽每天灌輸女兒要成大器、考高分，長大以後要回報父母等，小女孩被搞得壓力很大，完全沒有小孩子應有的天真自然。」綺文說，「我不希望我的孩子變成他們那樣，我也不要當那樣的父母。」

1｜家裡的九隻狗兒，跟著主人吃全素。狗兒們的活動範圍，包括房子底下及資材室周邊，為了避免狗兒亂跑，房子四周還是用鐵網圍起。

2｜綺文做給孩子的娃娃，臉部是空白的。華德福教育強調孩子想像力不應被任何具象的卡通侷限。孩子也可將情緒投射到娃娃臉上，父母藉此與孩子內心溝通。

3｜房子北側租來的農地上，散落著的竹簍是用來保護幼苗的。這些幼苗是台大育苗中心準備銷毀的剩餘樹苗，吉仁把它們種在房子北側，長大之後可以擋北風。

4｜吉仁分別在前院與迴廊上，用回收的水泥涵管做兩個火箭爐，只要一小搓樹枝就可以在幾分鐘內點燃熊熊烈火，十分有效率。

5｜這是 LIFE 的祕密基地，離房子約十公尺遠，需要遠離大人靜一靜時就待在這裡。

6｜從東側後院看，房子一樓正巧由肉桂樹冠所框景住。

第一張地圖　從自己的房間出發

「在華德福國小所教的第一張地圖，不是虛擬的世界地圖，而是要孩子從『自己的房間』開始當起點，家裡面的格局、家門、鄰居們的房子、上學的路徑、學校，畫出由近到遠、與自己切身相關的地圖。」綺文說，「歷史則與孩子的成長過程緊密連結，從孩子自己的成長歷史，再延伸出更廣泛的時間軸。」

華德福教育也很重視培養孩子的獨立、傾聽及尊重他人，現在，Life七歲，當我與他們共進午餐時，已經吃飽的Life在一旁翻家庭相簿給表妹看，表妹看得仔細、還會發問，Life沒耐心想離開，被綺文制止：「Life，是你先邀請妹妹看相簿的，你是否應該陪她慢慢看？」就這樣，Life沒再不耐，開始認真跟表妹講解家庭照。

還有一次，眼看快下雨，正忙於工作的吉仁，要求Life到院子裡收衣服，Life爽快答應並立刻行動，過一會吉仁發現Life沒帶撐衣桿出去，內心納悶，這樣如何搆到高掛在竹竿上的衣服？往陽台窗外一望，看到Life找到一根比他還高的樹枝，同時去除不要的樹葉和分枝，「Life正為自己製作工具，利用現有材料DIY取代撐衣桿，讓我感到十分欣慰。雖說收衣服不是什麼大不了的事情，但若孩子從小就養成正向的態度，將來長大遇到大狀況，也許也不用太擔心了。」

買配蓋地　符合預算且可儘快入住

原本二〇〇五年就打算遷居宜蘭，恰巧聽說烏來國中小校長也計畫要將學校轉型成華德福教育體系，夫妻倆想說等等看，也許就可以不用搬離新店，這麼一等就是兩年。

沒想到，既有學校要改變教育體制，遠比創校還難。校內較為資深的老師都反對新體制，烏來國中小轉型成華德福教育體系的路恐十分艱辛。同時，因為動物救援而犧牲家庭生活與作息的夫妻倆，生活已經開始失序，Life也即將到了就讀國小的年紀，於是決定儘速搬到宜蘭。

「我積極透過網路搜尋，一開始先找成屋，但含土地價格都要上千萬，好貴！只好改為找地。找地需要幾項條件，必須離慈心國小近、不能太貴，而且四周最好沒鄰居，因為我們有九條狗，若四周有住戶，狗吠叫一定會影響他人。」吉仁說，「而我因預算有限，可以蓋農舍的七百五十六坪以上農地對我而言還是太貴。後來得知民國八十九年以前的老農地沒有坪數限制、可以配蓋，雖然單位坪價高些，但總價還是低的，於是轉而找這類型農地。」

經過各種條件的篩選，只剩下冬山鄉的兩塊地吻合需求，吉仁跑了一趟宜蘭，一塊地上有電塔、另外一塊地上面有上百棵肉桂樹，「我當然選後者。」他以每坪約六千多元的行情談成，不過在快成交之前，地主又另外追加樹錢，吉仁也答應了。「想一想，二百四十多棵肉桂也只收三萬多元，雖然是事後加價，但若

1

2

3

能夠讓賣方覺得有賺到，也就值得了。」

我的房子什麼也不表達！

成交後，花了半年時間跑照、設計、申請、移植部分肉桂樹，沒錯，是「移植」而不是「砍掉」。原本他們請熟識的新店原住民朋友專程來宜蘭手工移樹，後來發現怪手移樹更有效率，小心翼翼的話，也不會對樹根產生太大傷害，於是後來都改用怪手。

配蓋地，要蓋農舍並不需要等兩年，吉仁很快就開始思考農舍的設計，朋友也曾熱心請一位建築師到現場提供專業看法，最後，建築師問吉仁：「你想要讓你的房子表達什麼？」這是建築師常會問屋主的問題，包括房子想要什麼風格、造型、品味……吉仁想了一下，回答說：「我的房子什麼也不想表達！只要簡單、舒適就好。若真的要表達什麼，也是要透過我們全家人的生活來

4

5

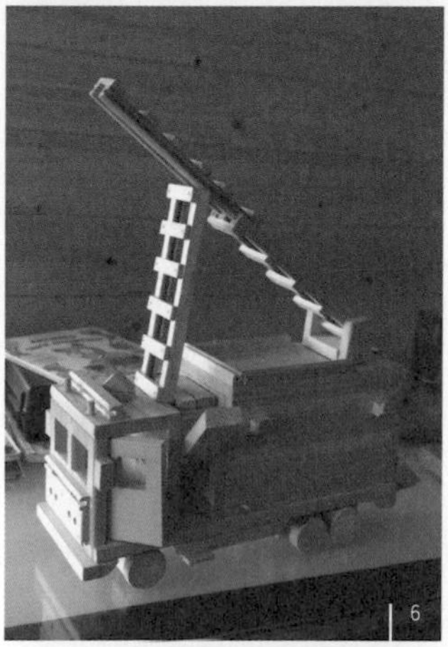
6

7

1｜隨處撿拾的枯枝成為火箭爐的燃料，雙手捧住的一綑大約可以燒上兩個小時。

2｜將種植的香茅草捆成一束放入燻煙器中，可以在農忙時暫時驅離蚊蟲。

3｜注意到了嗎？廚房沒有抽油煙機，綺文一家吃全素，而且大多是輕食，需要煮比較久的大鍋湯，就放到前院的火箭爐上面煮。

4｜吉仁的工作室位於二樓，因有閣樓擋住屋頂的熱，加上開窗達成通風，二樓甚至比一樓還要涼爽。

5｜小朋友的房間，在靠近陽台處有專屬的遊戲角落。

6｜吉仁做給 LIFE 的卡車和消防車，不過在接觸華德福教育後，吉仁覺得它們太過具象了。

7｜吉仁自製的小豎琴，聲音十分悅耳，每天晚上，LIFE 都在吉仁的彈奏相伴中進入夢鄉。

表達與實踐。」這真是我聽過最棒的答案！「現今家庭的建築與裝潢，都已是風格強烈的名師作品，不是讓我們無從發揮、就是最後無法維持而走了味。家原本該是一張讓家人一起慢慢經營描繪的白紙，日子久了，家風自然顯現。」

至於蓋房子的經費，主要是跟親友借貸，至今仍慢慢償還當中，不過因省去高額利息，故壓力相對減少許多。

一切都是最好的安排

二〇〇八年十一月資材室蓋好，全家人先住在資材室，那時Life五歲，九隻狗兒也一併搬來。「當時新店的雜務真的很繁重，我們幾乎是用逃的搬到宜蘭。說也神奇，原本我們在新店都是晚睡晚起，來這邊的第二天，竟然就自動調整成早睡早起。」搬到鄉下第二天就開始早起早睡的生活，麵包樹舍的屋主阿Ju也有同樣經驗，主要是清晨有蟲鳴鳥叫，很難賴床，很自然就會順應環境調整作息。

接著農舍也準備動工，採鋼構搭配木造；屋頂選擇雙斜，因為造價便宜。「鋼骨會釋放正離子，因此我們買了九個超強力高斯磁鐵，請廠商幫我們標示正確的正負極，不然磁鐵吸力強，一旦吸到鋼骨上，就很難用人力移開了。」把磁鐵負極朝向房子的九根鋼骨，使之吸附，就能讓鋼骨中的正離子被磁鐵固定住。

地基及立柱完成後，吉仁覺得空間越來越奇怪，這才發現現

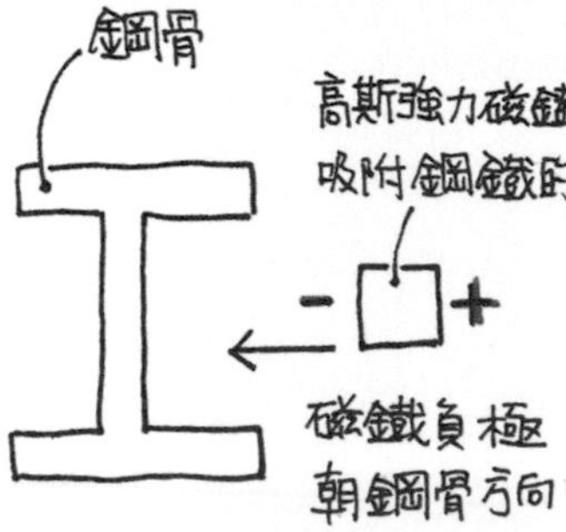

利用磁鐵中和鋼骨正離子

場與平面圖相反，工班將原本的座西朝東，顛倒成座東朝西！「我本來打算讓房子大門背對著路的，這樣比較有隱私。但工頭很自然地以為，房子的門應該面向馬路。那個時候已經來不及了，拆掉太貴，只好安慰自己說，這一切都是最好的安排，就接受吧，還好還來得及變更圖面。」吉仁說，「現在住了兩年，很慶幸當時顛倒過來，這樣從房子的正門可以看到遠方山巒，而門口因為有肉桂樹，所以隱私是完全沒問題的。」

吉仁採用點工帶料的方式，自己找各工種來施工，不過有些工種是從台北來的，每天往返台北宜蘭，加上氣候不穩定，工期稍有拖延，大概花了四個半月才完工。不過，房子蓋得很實在，至今並沒有漏水等問題出現。

運用樸門設計規劃土地

至於房子周邊的土地，吉仁試著將之前跟新店花園新城的鄰居 Peter（「大地旅人工作室」成員、樸門專業設計師）所學到的樸門設計*運用在土地上，包括鎖眼花園、Zig Zag（Z字型）種植、混種及開放性堆肥等，「現在土地很大，可以讓你盡情實驗，唯一的前提是，所有的事情都得自己做。」因為實驗的區域很多，依照目前繁忙接案工作的狀態，最容易照顧到的，是沿著門口小路、每天都會經過的 Zig Zag 菜園，而離房子較遠的鎖眼花園則已

1｜家中的傢俱，大部分都是從新店老家搬過來的，天花板用便宜的輕鋼架搭起。

2｜在樓梯處，綺文與 LIFE 的表妹正在進行一場心理遊戲：「是誰把娃娃空白的臉畫上眼睛嘴巴？」LIFE 看到表妹要哭了，跑上去安慰她。

＊樸門永續設計（PERMACULTURE）：PERMACULTURE 是 PERMANENT（永恆的）、AGRICULTURE（農業）和 CULTURE（文化）的縮寫字。主要精神是發掘大自然的運作模式，再模仿其模式來設計庭園、生活，以尋求並建構人類和自然環境的平衡點，它可以是科學、農業，也可以是一種生活哲學和藝術。（相關網站 WWW.PERMACULTURE.ORG.TW）

呈現野放狀態。也因為沒有時間一一照顧，發現樹豆、樹薯及葛根都可以自行生長茁壯，成為營養的食物來源。

將廢棄水泥涵管改造成火箭爐

火箭爐（Rocket Stove）也是吉仁的大作，二月拜訪時，門口就有一個大型火箭爐；七月時，吉仁又在後院前廊處增加一個中型火箭爐，兩個都是用撿到的廢棄水泥涵管做成。其特色是利用噴流效應，只要一些細小枯枝就可以燃起大火。「大型火箭爐，讓綺文用來染布或煮大鍋飯；中型火箭爐，可以用來煮茶、燒開水！」吉仁並現場示範升火，不到五分鐘時間，一個手掌心的枯枝就引起熊熊烈火！（火箭爐ＤＩＹ圖解請見本書第二九二頁。）

小心呵護著搬到鄉下的初衷

搬到宜蘭後，熱情的綺文很快又投身於宜蘭社區的公共事務，先是參與學校活動、在家中開辦讀書會與編織課程；然後，又因熱心參與而成了小農市集的主導。吉仁覺得有必要幫忙踩煞車，「在 Life 三歲之前，綺文對孩子的關心與教育，可說是近乎一百分。可是三歲之後，她覺得夠了，開始熱衷別的事情，對教育就有頗為明顯的切割，孩子雖不能明確說出來，卻也感受到轉變。」我也是那時開始跟孩子變得較為親密。綺文的個性，就是觸角很

二樓的露台，被肉桂林的樹冠包圍住。曾經有隻小白鷺，遭到附近漁場住戶的惡行，被用封箱膠帶綑住眼睛與嘴巴，沒想到小白鷺在看不見的狀況下，還知道要飛到吉仁家二樓露台上，終於幸運獲救！

廣、對趨勢很敏感，也因此常一頭熱栽下去。而我，則是將她所吸收到的資訊加以消化、慢慢去做出來。當初，我們是從新店『逃』到宜蘭，就是因為扛起的事情超乎自身負荷。來宜蘭沒多久，綺文從邀集朋友織毛衣、開讀書會，到小農市集、共同廚房、共同購買，乃至於孩子班級委員，各項工作又攬在身上！經常都是我來哄小孩睡覺、幫小孩洗澡……」

吉仁略帶調皮地笑了一下，「於是，我和綺文溝通，當初搬來宜蘭的目的，就是為了孩子的教育，以及希望有比較單純而輕鬆的生活。」吉仁建議綺文，市集部分，可以從主導者退回觀察者與擺攤的角色就好；而擔任華德福班委，因有助於Life的教育，可以繼續擔任下去。如此理性而折衷的建議，綺文買單了。當然，綺文對公共事務的熱衷也為市集帶來知名度，經由她的推廣與企劃，吸引不少外地朋友專程到宜蘭參加小農市集，到訪遊客人次每創新高，連本書另外一位屋主輝哥（他們原本並不認識彼此）都遠從台東跑來參加。

現在，全家生活步調終於略有悠閒況味，Life上下課也由綺文送、吉仁接分工合作，藉此增加母子互動機會。對於這相互體諒、共同扶持成長的一家人，我感到羨慕且欽佩，誠心祝福綺文與吉仁的友善自然、人智教育的理念可以影響更多人，並早日達成夫妻倆心目中自給自足的生活。

LIFE在老爸親手做的生日禮物木推車旁吹陶笛、大笑……WHAT A LIFE！

5

簡易乾式廁所，旁邊放著一桶粗糠，解放完、倒幾杯下去就可蓋住異味。滿了就地掩埋、回歸自然。

6

在 8.5 坪的資材室裡，一家三口住了五個月。圖中為吉仁繪畫的角落、以及全家用餐與閱讀的角落。

7

農舍立柱那天下雨，路變得泥濘，工程車越是掙扎越陷入泥沼之中，立柱工程只好延後一天。

8

C 型鋼柱與柱之間為一個單位，每個單位 1.8 公尺寬，房子的長 × 寬是 5×4 個單位，也就是 9×7.2 公尺。

9

吉仁特別請工班設計製作的防颱板，可水平抽蓋住窗戶。

10

房子的九根鋼骨都黏有強力磁鐵，用以中和鋼鐵釋放出來對人體有害的正離子。

11

吉仁另外租下基地兩側的地，一來可以避免鄰農繼續對土地灑農藥與除草劑，二來也實踐樸門設計的菜園種植方式。

12

吉仁從仁山苗圃遠眺自宅，房子半隱匿在肉桂樹林之中。

蓋屋過程摘要

1

剛買下土地時與完工後的地貌變化，除了車道與房子的樹移植到別的空地之外，其他肉桂樹都在原地。

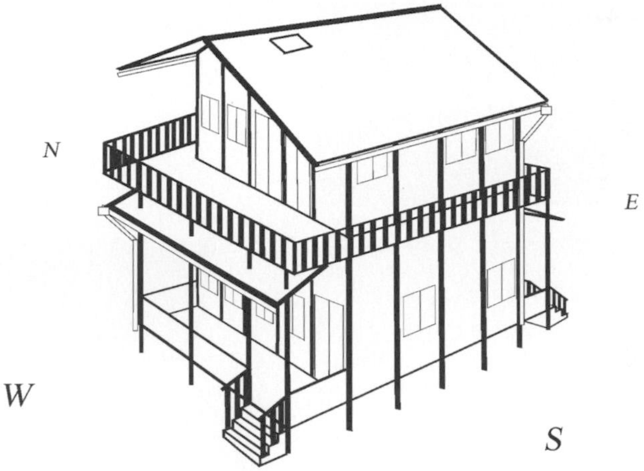

房子的立體圖示意，不過一樓的迴廊，後來在友人的贊助下，改成四邊都串接起來的形式。

2

白線放樣的範圍內的肉桂，即將被小心翼翼移植到別的空地上。

3

將建築物區的肉桂樹移植到其他空地，圖中是 Life 五歲時與吉仁一起幫忙移樹。

4

全家剛搬來宜蘭時，先住在剛蓋好的資材室裡。浴室、廁所及廚房都是露天的，但舒適與機能絲毫不遜色。

住屋的十個綠設計觀點

吉仁是生態動植物的畫家，他對土地、動植物的愛好與專注，也反映在房子的設計上。降低耗能與愛護環境，成為設計房子的首要任務。

1 | 保留樹木：原地的 240 棵肉桂全部保留，部分與房子區域重疊的肉桂，移到其他空地上。

2 | 減少水泥使用：鋼筋水泥無法回收再利用，因此除了地基外，整體採用鋼構木造。

3 | 架高地板：一樓地板架高，離土地 70 公分，可以防止反潮、增加通風。下方也可以讓狗狗活動，降低蟲蛇入屋的機率。

4 | 牆壁隔熱保溫：房子的內外壁材之間約 5 公分的空間，填充粗糠（米殼），並拌十分少量的石灰。比例約 100 袋 60 公斤的粗糠，混上 3 公斤石灰粉。石灰粉很細又輕，攪拌時要戴口罩以免嗆到。夏天時，牆壁可以降低至少 2℃溫差，若將內外壁材之間的距離加大至 10 公分，也許會有更大的隔熱保溫效果。

5 | 閣樓當做隔熱隔音用：二樓與屋頂之間的閣樓，可以隔絕太陽照射下來時所產生的熱，熱氣流並透過閣樓的對流窗排出，也降低了雨水打在琉璃鋼瓦時所發出的噪音。

用來隔絕屋頂熱度的閣樓，兩側都開有水平長窗，可以讓閣樓熱氣散逸出去。

6 | 增加通風與採光：除了儲藏室外，每個房間都有窗。窗戶開設的位置，都盡量考慮到東西向、南北向的對流，一旦通風，室內的溫度與濕氣就比較容易調節。也因為開窗多、採光足，白天不需開燈。

7 | 水塔裝在二樓：吉仁在思考衛浴配管時，腦海裡面總是冒出 Peter 丟給他的問題：「在 101 觀景台撒一泡尿，要耗多少能？」也就是說，將自來水從一樓抽到標高 382 公尺的觀景台，沖掉遊客的一泡尿，抽水馬達要耗多少能？為了節省電能，吉仁在二樓不設衛浴，因此水塔只要放在二樓陽台就好，不必裝到屋頂上去，這樣只有洗澡時才需要開加壓馬達，平常水壓則很足夠。

8 | 提高熱能使用效率：為了減少熱能流失，將浴室熱水及廚房熱水源頭集中在同一個角落，這樣熱水只要走很短的路徑就可以到達。

9 | 電扇取代冷氣：室內不裝冷氣。雖然有 220 伏特的電壓，但只是用來應付法規。由於基地上的樹通通保留，對吉仁而言，一棵樹等於一台冷氣，所以他們家已經有 240 台冷氣了。

10 | 雨水收集：屋子的雨水透過屋頂流向落水管，直接收到各個角落的容器裡，滿了之後就可以取出使用。後院的肉桂樹下，也用繩子綁有保特瓶，雨水透過樹幹、流過繩子，滴到桶子裡。

橫放在二樓陽台的水塔，可以減少抽水馬達一層樓高的耗能。

事先預留好的雨水回收用落水管。

雨水經過肉桂樹分枝的收集，匯流到樹幹，再順著繩子，流到回收來的塑膠桶內。

堆肥

在拜訪前就已有的疑問：綺文他們養了九隻狗，每天的狗便便要如何處理？終於在看到堆肥箱時找到答案。

為了提供自家菜園天然肥，吉仁製作了露天堆肥箱，不用怕臭，因為吉仁全家、包含九隻狗狗在內，都吃全素，廚餘都是果皮與菜葉。

最右箱為第一步驟，底部先鋪上一層落葉、乾草後，將廚餘、狗兒的排遺（氮源）放在其上，然後再用落葉與木屑（碳源）覆蓋。隔天採用相同的步驟，一層氮、一層碳地積累起來，使其發酵。待右側堆肥箱滿時將四周組合木柵拆除移到左側組合繼續堆放新廚餘，拆箱後的堆肥以枯枝落葉覆蓋，任其腐熟。「我不用塑膠布覆蓋，而用枯枝落葉，是不想傷到土壤裡的蚯蚓，如果塑膠布這麼一蓋，那些蚯蚓會因過度悶熱而死亡，而且大自然中的堆肥也沒有塑膠布啊，因此，用枯枝落葉來當保護層，應該可行！」說罷，吉仁便從枯枝底部抓出一把堆肥土壤要我聞，我鼓起勇氣吸了一口，好清香啊！真是出乎意料，是雨後土壤那般的新鮮氣味呢！

第一次去時，原本堆肥箱的位置在房子南側，因動線不順，後來移到北側。

第二次去，堆肥箱的位子已經從資材室旁移到北側的空地上。圖中吉仁正從枯枝底下抓一把發酵完成的土壤讓我聞。

很難想像，混著果皮、菜葉與狗便的堆肥，發酵後竟然洋溢著土壤的清香味道。

除草劑的使用：實驗組與對照組

吉仁家周圍土地，該名地主並不願賣掉，不過地主的鄰居、一位老伯伯三不五時會來灑除草劑、種東種西，除草劑不但直接破壞土地上的動植物生態，毒素還會透過雨水滲透到地下水層，也會散逸在空氣中。吉仁帶我觀察老伯伯長年灑除草劑的土地，以及這兩年斷斷續續灑除草劑的玉米田，還有吉仁自己土地上沒有灑除草劑的玉米田有何差別。

灑了二十多年的除草劑的土地就在路旁，所有的野草呈現一片焦黃，之前種過番茄、地瓜，都沒有辦法種活，玉米也在結穗前就夭折。

兩年之中斷續灑除草劑的玉米，在化肥催生下，是三者中長得最高壯的。

吉仁自己種的玉米，雖然矮、結出來的玉米不大也有缺粒，口感卻很香Q。

蓋屋預算表

項目	費用（元）
移樹	12,000
資材室工程	188,977
設計繪圖請建照	77,456
地基工程	233,000
鋼木構工程	2,431,470
水電工程	226,960
營造廠請使照	35,507
台電線路補助費	3,300
強力氧化磁鐵	10,830
一樓迴廊工程	360,000
總價	3,579,500

※ 以上不含土地費用。

專家、工班、建材行口碑推薦

新宿木屋	林文玉（台北縣淡水鎮）
推薦語	濃厚藝術家性格、十項全能、有創意、好溝通、重感情講義氣。
聯　絡	02-8626-2355、0980-421-150

泥水	鄒肇璋（宜蘭縣冬山鄉）
推薦語	認真謹慎有效率、功夫老到、紮實可靠。
聯　絡	03-958-6161、0934-085-968

宏程水電工程	卓明亮（宜蘭縣冬山鄉）
推薦語	體貼周到用心、售後服務好。
聯　絡	03-958-7710、0932-090-486

愛的移動城堡

老爸送給
女兒的承諾

這間房子名叫「蘇湖」，因為它座落在湖畔的蘇家三合院旁，是愛、想像與實踐的結晶。

敏敏，本故事的主角，剛滿十歲，蘇湖的發想者。而她的母親蘇湘芬以及父親許先生，則是敏敏的造夢者，至今仍持續不斷地為敏敏編織新的夢想！

※ 本篇部分照片由受訪者提供，特此致謝

family story

屋主 / 蘇湘芬
部落格 / www.wretch.cc/blog/soholake

取材時 2010 年 7 月 / 夫 45 歲、妻 45 歲、孩子 18 歲及 10 歲
土地設計、蒐集工法資料 / 2009 年
整地 / 2009 年 5 ～ 6 月
開挖地基 / 2009 年 6 ～ 7 月
結構樑柱、屋頂及管線 / 2009 年 7 ～ 10 月
補強、維修受損部分 / 2009 年 8 月（因八八風災而受損）
牆體部分 / 2009 年 10 ～ 11 月
完工入厝 / 2009 年 11 月 13 日

house data

蘇湖
地點 / 花蓮市
建坪 / 18 坪（一樓 13 坪、閣樓 5 坪）
建材 / 結構與牆體為輕鋼構、木作內裝

敏敏從小就有視障，看不到物體的輪廓、也無法分辨光線強弱，但其他的感官卻很敏感、意志力也很堅定，一旦決定的想法，誰也無法左右。「記得去年她堅持要離開花蓮、去台中惠明國小唸書，爺爺奶奶放心不下，也跟著去台中租房子照顧敏敏，但我們因在花蓮都有固定工作，無法陪她。」媽媽湘芬回憶說，「本以為離家的她一定會哭著想念爸媽，可是老師跟爺爺奶奶都說，敏敏很堅強，在學校認真上課、回家還會乖乖寫作業。」

然而，有時候堅定的意志會出現在奇怪的地方。敏敏常跟著爸媽回外婆家，也就是蘇家三合院，「我們家在花蓮市區，到老家的距離很短，大概二十分鐘左右就到了，所以常帶敏敏回來給阿嬤看。直到有一天，敏敏的表弟出生了，敏敏抱著襁褓中的表弟，摸摸他、又聞聞他，然後對我說，『這個房子裡面都是表弟的味道，這間房子是表弟的房子喔！』」沒想到，敏敏是認真的，從此說什麼也不願意進去，連吃飯也要端出來給她吃。

同時，這間超過半世紀的單伸手三合院本身的狀況其實並不好，政府二十幾年前要開發新的環湖道路，硬生生地就從房子後半部截掉，「路不能稍微彎一點嗎？就一定要從我們家後面截斷？」房子後面整個補平、緊貼著道路擋土牆，窗戶沒了；屋頂的瓦片早已老舊、全部更換成鐵皮波浪板；沒有窗戶對流，加上是鐵皮屋頂，到了夏天，三合院簡直就像烤箱，尤其是煮飯的時候，根本就差點中暑！

湘芬老家已被納入風景區，雖可進行私人土地交易，但依禁

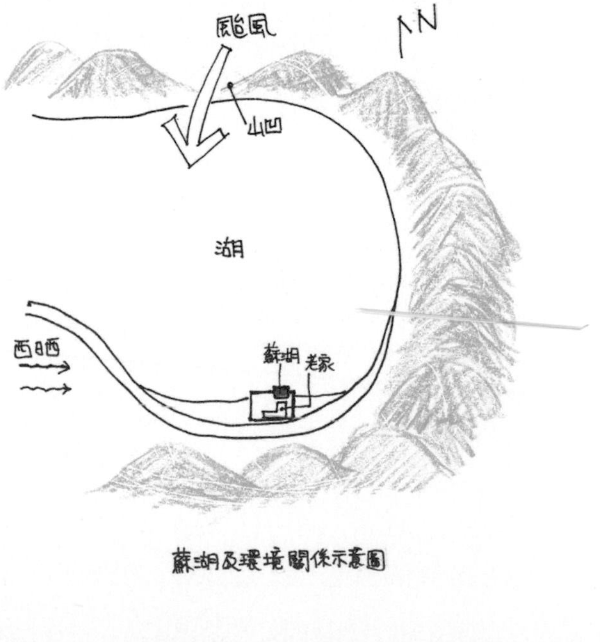

蘇湖及環境關係示意圖

建法令只能申請整修，因此湖泊雖然是風景名勝，但卻不會像日月潭那樣被一堆飯店旅館包圍、五星級飯店還帶頭排放廢水到潭裡等落後行為。「我們根本不敢修繕或更動這間老房子，我們去問官方機構，沒人敢負責，沒法規說可以、也沒有法規說不可以，沒有人敢蓋章負責，因此我們還是會怕，老房子若改動會被拆除。」三合院早在四十年前就已蓋好，因此不列入規定之內，但因緊臨馬路，若有任何更動很明顯，所以外婆一家人只好繼續忍耐下去。

因著這兩個主因，更強化湘芬想在老房子旁蓋一間舒適的新房子。新房子離馬路較遠、且因坡度關係被三合院遮住，從馬路上經過比較不會察覺。另外，新房子蓋好之後，不願再進去老厝的敏敏，就不用一直待在埕上曬太陽、被蚊子叮，讓父母好心疼。

1｜露台設置階梯，便於直接走下湖邊。

2｜也許是感受到父母滿溢的愛，敏敏在蘇湖的露台露出燦爛笑容，她甚至可以很詳細地描述蘇湖房子裡的每個角落給老師聽。

3｜親友來訪，隨時可以在湖畔划船。

4｜敏敏想要的盪鞦韆就設在露台與門口之間，不論大人小孩都喜歡盪一下。

敏敏從台中回來時，湘芬不斷跟女兒要親親，女兒也任由母親要賴給了五十多個吻；而許先生則是透過相機鏡頭，捕捉女兒開懷大笑的時刻。父母會為了女兒而蓋間童話般的房子，就變得自然而然了。

承諾女兒造夢　七大景一一實現

在設計蘇湖之前，父母親先問敏敏，房子該長什麼樣子呢？然後大家開始天馬行空討論，最後經過一番撒嬌、理性與預算評估，老爸終於承諾可以做到幫敏敏造夢的七大景：霍爾的移動城堡、漫步雲端般的漂浮樓梯、在房子裡也看得到星星（雖然看不到，但她喜歡聽到家人驚呼星空的美麗）、盪鞦韆、七盞手工吊燈、遊湖小船、浪漫的浴室。

「房子本身挑高五米、開三面窗、有天窗，具有良好的採光與通風；牆板與屋頂皆有夾板隔熱層；房子的安全措施包括所有外門皆採用琉化銅門；觀景窗有防颱板以阻擋颱風的強風或從水面吹來的異物。」許先生說，「蘇湖座南朝北，颱風來襲時受風面最大，又在山蔭側，陽光照射少、潮濕陰涼，故整個房子架高離地約四十五公分。」

1｜七大景之觀星天窗，敏敏可以聽著爸媽數星星、講星座的故事。天窗從樓梯上方延伸、到門口處又改變傾斜角度。

2｜一樓的色系，是以白色為底，黃與橘當主色，牆與沙發都是這兩個色系。沙發是兩人找遍台北與花蓮之後，覺得最舒服、價格也合理的調整式沙發。

3｜晚上，大夥兒在月色與燭光下吃晚餐。

4｜浴室地板有些磁磚鑲有馬賽克，不只是裝飾用，還可導引敏敏行走方向。

5｜七大景之漂浮樓梯，階梯上擺放不同娃娃，可以讓敏敏觸摸。角落與區域性的地毯，是用來讓敏敏知道特定空間的範圍。

6｜為了安全起見，二樓梯間以鐵杆擋住邊緣，而敏敏兒時的動物玩具拿來黏在欄杆末端，讓敏敏觸摸。

7｜樓上的臥室，我在那邊過夜一晚的心得是，倒頭就睡、舒服又涼爽。不過隔天六點多就會被湖畔的波浪聲喚醒。

3

4

2

1

6

7

5

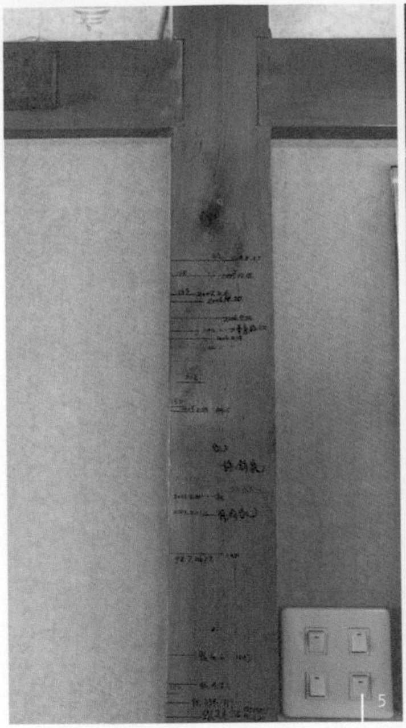
5

4

1

2

3

6

下面裝上輪子　蘇湖是「敏敏的移動城堡」

這七大景裡面，想當然，最難的就是霍爾的移動城堡！不過中原建築系畢、身為建築創意顧問的許先生反而躍躍欲試、很期待這次挑戰。他先在地面鋪設軌道，再幫房子裝上六個直徑二十五公分的鐵輪，每個輪子可以承重一公噸；而經過計算，房子總重量是三噸，在安全上綽綽有餘。不過，在結構體鋼架剛完成階段，就遇到莫拉克颱風，房子被整個搬移、脫軌五十公分，造成全家人一場騷動，現在六個輪子都裝上了固定器，就如地基一般穩固。

完工後，房子雖不像霍爾的移動城堡一樣可以走個八千里路，但是可以在軌道內來回移動，敏敏待在房子裡也覺得很有動感！

房子造型順應山形　顏色取自大地色系

房子的屋頂，也是許先生表現自己創意工法的部分，「我畫了好幾張細部圖給工班看，因為屋頂的收邊是尖的，若要做到不漏水，就要用特殊的方式包覆。」許先生說，「屋頂呈現三個不同方向的三角體，因為房子四周被山巒與樹林包圍著，這樣的造型是想要呼應周遭的環境。」房子的外壁材是日本進口的耐酸鹼

1｜房子裡擺設著許多敏敏自己做的陶土作品，是陶藝老師以耐心和愛的陪伴，加上敏敏憑著敏銳的觸感形塑出來。

2｜為祝賀新居落成，朋友送給湘芬夫婦倆的木雕，再請人刻上「蘇湖」二字。

3｜在蘇湖附近散步，敏敏感受著微風吹拂與母親的陪伴。

4｜敏敏在花蓮市區的房間，新增的頂樓室內空間，全部都是木構造，是許先生在十年前就已經想出來的創舉。

5｜柱子上還畫有敏敏與哥哥每年的身高記錄。

6｜從蘇湖室內沙發處往外看一景，觀景窗的尺寸是3.3×3公尺大小、12公釐厚的強化玻璃，許先生表示這是目前他能找到國內最大的玻璃尺寸。

鍍鋁鋅鋼板，表面色澤是許先生中意的木紋色，「雖然室內很鮮豔，但畢竟鮮豔顏色的偏好是比較主觀的，我們考量到環湖遊客的視覺享受，而且也要搭配房子的造型，所以就選用比較客觀的大地色系，它像是樹幹的顏色、也像是土地的顏色。」

大露台立起來就成為防颱板

房子前方的露台也暗藏玄機，因為沒有中央山脈的保護，從太平洋過來的颱風很容易造成強大破壞。房子正面、也就是大面玻璃觀景窗處，面對的就是颱風入侵的山凹處。「為了防止觀景窗破掉，颱風來之前，我會先把露台拉起、成為垂直面，直接保護觀景窗與房子。」經過設計，只要一個人的力量，就可以將露台拉起成為防颱板，真的很聰明！

至於房子內部，就可以盡量用鮮豔的顏色了，「我不喜歡空間只有黑與白，鮮豔的顏色讓我感到比較有活力。」湘芬說。亮橘色、亮黃色是室內最跳的主色系，不論牆面、家具或窗簾，都以橘跟黃延伸類似色，也許是我的錯覺，但從房子的牆面到佈置乃至於湘芬腳上的亮桃色襪子與亮粉色褲子，這對愛女心切的夫妻，是多麼希望幫敏敏看遍生活中的豐富色彩——以雙倍的量！

去年新年假期，敏敏一回到花蓮市區的家，就急著到耶誕樹下打開耶誕老公公送給她的點字信與禮物，許先生特別設計「尋寶地圖」，每一個禮物裡面都有一封信，提示下一個禮物藏在哪

裡，敏敏玩得很開心，最後一份禮物藏在蘇湖，全家人開車抵達、揭曉答案，是ＳＰＡ溫泉粉，於是美好的新年夜晚，一家三口以一同舒服泡澡劃上美好句點。

自從蘇湖落成之後，來訪的朋友變多了，大家不必像以前站在老屋前的埕上賞湖，而是有一個遮風避雨的小屋子。明年，敏敏可能會轉學回花蓮唸六年級，屆時這間小屋也很可能成為湘芬陪敏敏寫功課及散心的小天地。未來，如果從教職退休，湘芬考慮在這裡開闢一處菜園，過著業餘農夫的自然生活。而現在，湘芬與許先生只想好好享受與寶貝女兒相處的每分每秒，用很「蘇湖」的方式！

走出家門口，就是遊船、湖面、山巒與雲海。

屋頂與轉角的細部收邊

蘇湖的外壁材是鍍鋁鋅鋼板，雖然價格比較貴，但壽命也較長，轉角處的收邊是請鐵工廠特別折出來的，可以完全防止雨水滲到內壁。

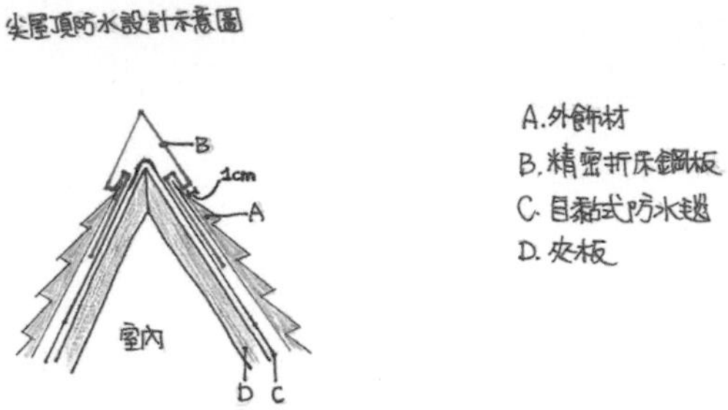

屋頂尖端，最內部是尖角裁切對半的C型鋼，然後再覆蓋鍍鋁鋅鋼板、木紋貼皮，最外殼也是精密折床折出的形狀，直接包覆鋁鋅鋼板，避免漏水疑慮。

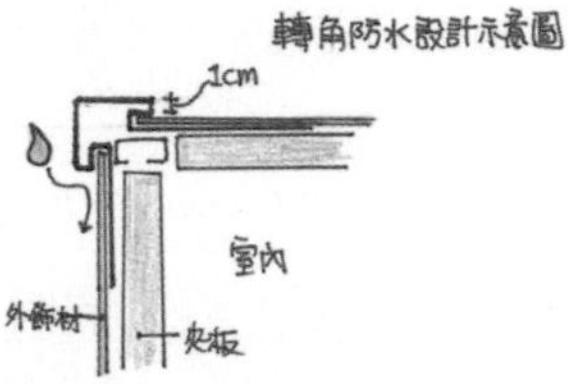

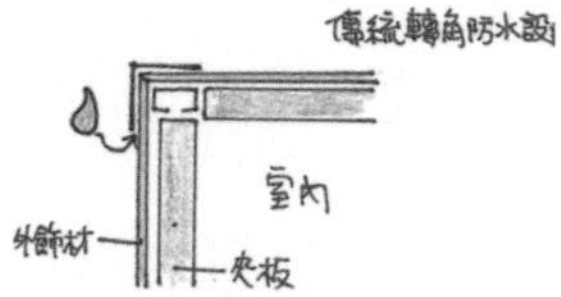

蘇湖的結構與設計特色

1 | 設計以輕量H型鋼、鍍鋅方管與C型鋼為主體結構，將H型鋼結合為底盤，承載建築重量，並以六座培林為輪組，每組承載約600公斤，讓建築物可於軌道上滑行，為因應颱風吹襲，於四組輪旁設置地錨螺栓，平時加以鎖固。

2 | 外牆板為進口鍍鋅木紋色金屬平板，色澤仿木，適用於潮濕環境，於國內加工為麒麟形，施工後質感接近傳統木片魚鱗板。

3 | 收邊板為同色澤平板以精密折床加工，用以改善目前市面現成防水條之缺點，折角精緻、尺寸精準，師傅組裝十分容易。

4 | 屋頂採用不同色澤之同款板材，下覆防水毯與夾板增加防水性與堅固性。

5 | 客廳觀景窗外部露台為方管框架，上方以南方松為面板，考量正面為大面積開窗且面向北方，若颱風侵襲直撲觀景窗恐致災害，將露台轉折處加上樞鈕，颱風期間將露台翻上兼作防颱板使用。

移動城堡軌道安裝

先用怪手開挖出軌道的路線。

沿著開挖路線植筋、然後灌漿灌一半。

將軌道與鋼筋焊在一起。軌道剖面是上長下短的工字，下方與鋼筋焊住，上方較長的面板當做灌漿時的分界面。

整個植筋部分模板均勻灌漿，雖然是軌道，但仍運用延續基礎的形式。

整平時，趁水泥還未乾，把覆蓋到軌道的部分清掉。

將輪子底架安裝到軌道上，可以看到右側有一個舊水泥墩，是整地時刻意保留做紀念用的。

二〇〇九年七月二十八日房子的鋼結構體部分組裝完成，開始要裝外壁材。

二〇〇九年八月七日莫拉克颱風，把三噸重的房子給吹到脫軌了！照片中的右側黃色即為輪子，而破裂的水泥塊，則是原本要保留紀念的舊水泥墩。湖面的水也差點就要淹到基地上。

災後經過兩個星期的善後與等待，終於將脫軌的城堡移回軌道上。

室內管線的鋪設，水管可以從地板下走。

鋪設管線的同時，也開始屋頂與外壁工程。

現今房子底部的車輪已用固定器暫時固定住。

蓋屋預算表

項目	工資（元）	材料（元）	細項說明
地基	40,000	120,000	整地、鋼骨
骨架	250,000	550,000	鋼構及零件、屋頂、瓦片
水電鋪設	40,000	180,000	水管、電線含衛浴
門、窗	25,000	90,000	
牆體	180,000	100,000	
總價		1,575,000	

專家、工班、建材行口碑推薦

友麥建築工作室	許銘峰
推薦語	不流於傳統的設計服務，為屋主構築夢想。
聯　絡	0910-475-398

鐵工	陳添福
推薦語	配合設計師之創意努力完成高精密度的鋼鐵結構。
聯　絡	0936-749-739

力元建材行	莊漢棟
推薦語	提供耐候性且質感佳的外飾建材。
聯　絡	0937-980-389

全格塗料	黃建華
推薦語	專業塗料服務及施工。
聯　絡	0932-653-457

從一頂帳篷開始

玩家，玩自己的家

走一趟輝哥與文麗姊的家，不但讓我開車技術升級，也是居住方式的震撼教育。他們的生活同時強調連結土地、手動價值、分享生活及減法農法。手動價值是輝哥對「玩」的延伸，從共棲寮乃至於眺望臥室，都已經超越單純的DIY，而是包含著享受自然、玩樂人生的目的。

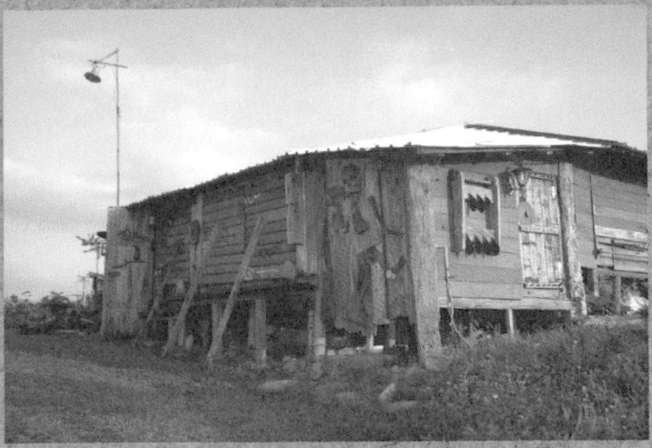

※ 本篇部分照片由受訪者提供，特此致謝。

family story

屋主 / 輝哥、文麗
轉角上自然農場
信箱 / liwenli0419@gmail.com

取材時 2010 年 7 月 / 輝哥 50 歲
工廠外移遭資遣 / 1999 年
跟學長買下金崙承租地 / 2000 年
朋友贈送貨櫃屋 / 2003 年
用拾得木料陸續住家增建 / 2003 ～ 2006 年
增建臥室小屋 / 2007 年
使用慣行農法 / 2001 ～ 2002 年
使用有機肥 / 2003 ～ 2004 年
採用自然農法 / 2005 年至今
完工入厝 / 2007 年 8 月

house data

共棲寮
地點 / 台東縣太麻里鄉金崙村
地坪 / 約 1 甲地
建坪 / 共棲寮約 20 坪、眺望臥室約 2 坪
建材 / 二手貨櫃、舊木料、鐵件

拿著文麗姊寫給我的路線指南，慢慢地開上金崙深山，從柏油路、水泥路、泥土路到沒有路，那時雖然才七點多，但台東山區的夕陽早已被中央山脈擋住，如同深夜一般漆黑。遇到叉路，每一條路兩旁都是竹林……我開進一片荒蕪之地，一整片雜草、竹林與樹林，緊緊包圍著我，即使開遠光燈，能見度還是只有方圓一公尺，前方好似懸崖，雙腳本能發抖著、緊踩煞車。手機無法通訊、無人可問路；雜草太高、無法下車查看，只好慢慢一點一滴往後退，腳下不斷傳出竹枝刮底盤的尖銳聲音。終於，退到有泥土路的地方……腳還在顫抖。

此時此刻，內心只想趕快飛奔到有柏油路、燈光及手機訊號的地方，隔天早上再來找輝哥與文麗姊。我停在山路口，手機終於通了。「輝哥嗎？我剛剛迷路了，對不起，我明早再來好了。」我尷尬地說，看著輝嫂交代的一箱冰棒，邊想該要冰在哪裡。「妳在哪裡？我下去帶路！」輝哥很乾脆地說。有了輝哥帶路，才知道剛才其實差點就要抵達了，只是在最後一段，把別人四輪傳動在雜草堆上壓出來的輪胎痕跡錯當成路才會開錯。可能是因為事前幻想輝哥家十分蠻荒、幻想過頭了。

抵達輝哥家時，正好是用餐時間，嚇光血糖的我，已經餓翻了，很快就吞了一碗滿滿的野菜種子五穀飯、也喝了兩碗湯。吃完飯、洗完柴燒熱水，終於要就寢了，原本以為經過驚險路程，應該會倒頭就睡，沒想到那天晚上只睡了一小時，而且是逃到車上睡的。因為，床頭蚊帳外一直有嗡嗡聲，靠近頭皮與耳朵的時

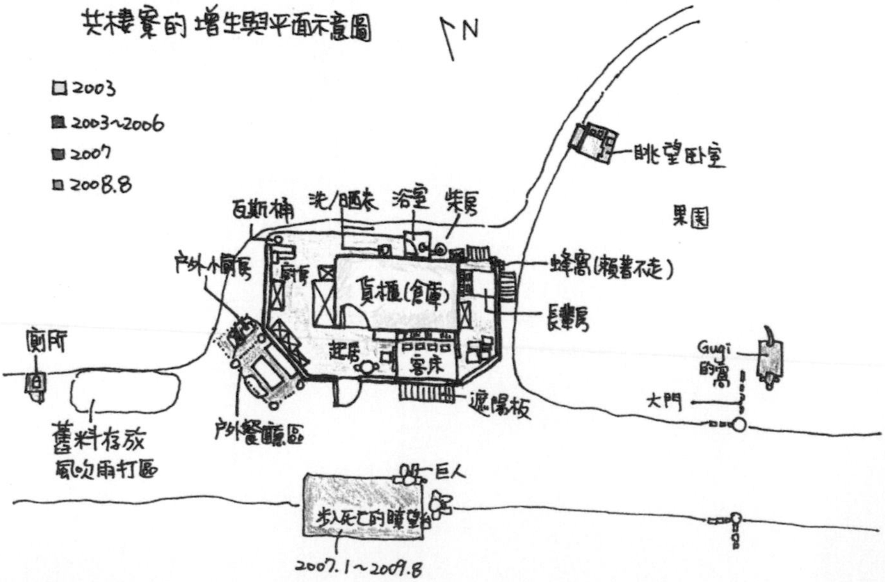

1｜原來它在說 WELL...COME。

2｜共棲寮的大門上輝哥的刻字「共棲寮」。

3｜從大門的車道往內看，左邊有一個巨人歪著頭看天空、右邊牆上的人偶偷偷告訴訪客，這家的主人很好玩喔！

4｜2007 年 4 月，原本的架燈拆了，煙囪改從戶外餐廳方露出來。

5｜大門旁的牆由許多素材構成，訴說的就是共棲寮構築過程的故事。

1

2

3

候，振翅頻率不斷引起反射性拍打。偶爾手上有刺痛感，在微弱的燈光下看，才知道原來床邊是螞蟻的路線，偶爾會有螞蟻脫隊來咬一口。百年老鐘半小時就敲一下，一整夜不斷聽著鐘聲，覺得時間既難熬但又快速流逝。就這樣翻來覆去直到凌晨五點，同寢的小朋友已從身邊睡到我頭上，心想不睡不行了，只好投降跑到車上，開點車窗讓空氣流通，緊接著立刻沈沈睡去。

蜜蜂在臥室築巢　共棲寮原來是這麼回事

隔天，才知道昨夜惱人的嗡嗡聲並不是蚊子——在阿嬤臥房牆上，有蜂窩！因為阿嬤的房間跟客房之間並沒有隔間，蜜蜂就會在這些空間四處遊走。

「我家的名字叫做共棲寮，意思就是我們盡量做到與各種生物共同棲息，其中當然包括螞蟻與蜜蜂。蜂窩我們早就習慣了，我和文麗的臥室下面也有一巢，如果晚上沒有嗡嗡聲還睡不著咧！哈哈哈……」輝哥爽朗地笑說。至於其他動物，像是蛇，也曾經進來玩過，輝哥把牠抓起來之後就放到果園裡去了。

賴著不走、還是這裡好、天上掉下來的禮物

土地上總共有三個野生蜂窩。阿嬤房間的蜂窩剛築巢時，輝哥曾試著把整個蜂巢移到外頭樹下，沒想到蜜蜂都飛出來不想進

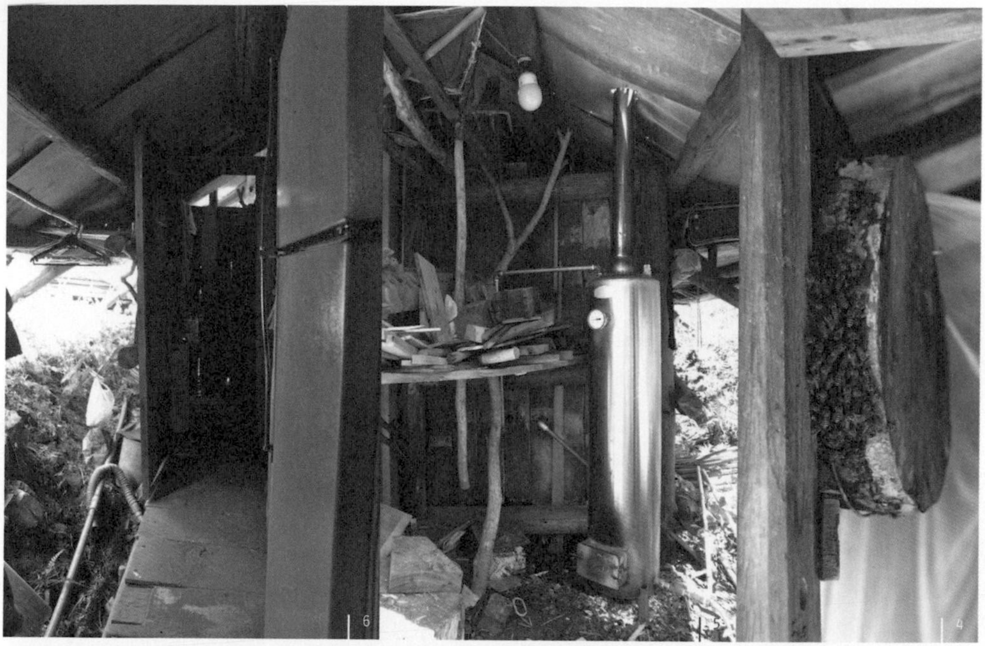

巢，他只好暫時再把蜂窩移回室內，蜜蜂們於是回巢。安定後，輝哥又悄悄移到樹下，沒想到又被蜜蜂發現再次離巢，就這樣來回移動數次後，輝哥放棄了，只好把蜂窩就裝在房間牆上，並取名為「賴著不走」。

另外，輝哥夫妻倆專屬的「眺望臥室」下方也有一巢，是朋友送的。剛安置好時，蜜蜂發現被換地點，於是傾巢離家，輝哥原本以為牠們從此消失、另覓地點，可是沒想到隔幾天之後發現牠們回來了，而且一副若無其事、繼續辛勤工作狀，於是將這窩取名為「還是這裡好」。最後一個是自動到「眺望臥室」對面樹下的木桶裡面築巢的蜂窩，輝哥名之「天上掉下來的禮物」。

1｜白天這裡是起居空間、晚上若有客人來，只要蚊帳搭一下就成了客房了。

2｜起居室的大窗朝南，撐起的防颱板讓光線及空氣可以流通進入，天花板掛著各種老東西，都是輝哥歷年來的蒐藏。

3｜2008年初，輝哥打造出了火爐人，主體是由廢棄輪胎鋼圈焊成，可以用來煮大鍋湯、燒熱水等，頭部用來煮東西；而舉高的雙手則讓熱壺放涼；兩隻如蛙掌般伸展的大腳，可以讓火爐人站得穩穩的。不要的衛生紙、木屑、包裝紙都成了燃燒材料。把手則是捕獸夾焊成。

4｜這個名為「賴著不走」的蜂窩，有一半是築在共棲寮的室內、也就是阿嬤的臥室窗戶右上角，與起居室（客房）相通，難怪前一晚過夜時會嗡嗡個不停。

5｜共棲寮的背面是柴房與柴燒爐放置處，正好緊鄰浴室。左側可以看到貨櫃屋的牆面。

6｜經過廚房之後就是狹長的半戶外走道，底部就是淋浴間。

野生蜜蜂之所以會選擇輝哥家，也許跟這一帶是國內最少開發與破壞的土地有關。蜜蜂若消失，人類也會滅亡，下次看到蜜蜂到家中附近築巢，表示家中附近也許還有淨土，記得不要去破壞蜂窩喔！

從阿公時代尋找自然栽種的證據

十年前，在高雄岡山當辦公室上班族的輝哥，因公司決定外移到中國而遭資遣。「那年我四十歲，要重新找工作並不容易，而且我對生活有些不同的看法，覺得不想再吃人頭路。」輝哥決定用部分積蓄跟學長買下台東這塊海拔七百二十公尺的地，地上有學長父親之前種植的枇杷樹，「我從沒務農經驗，特別跑去摩天嶺觀摩枇杷要怎麼種、澆灌系統怎麼安排、怎麼噴藥與施肥，因此第一、二年我是使用噴農藥的慣行農法。」輝哥說，「可是後來越想越不對，小時候看我阿公在種果樹，沒有噴農藥和化學肥料，只灑了牛糞，果實還是肥滋滋，為什麼現在非噴不可呢？」於是第三、四年，他停止使用農藥，定期施有機肥，然後在一次偶然的狀況下，輝哥接觸到「秀明自然農法」*，發現只要適度的修枝、套袋與除草，其餘的就讓果樹的自我求生能力去發揮，不再灌溉、不給肥料也不幫忙除蟲。

1｜貨櫃增建的第一期就是廚房，這是從走道看往廚房外部。

2｜起居室通往廚房的走道上，擺滿了輝哥的工具及各式乾糧。

3｜廚房裡的玻璃門冰箱並沒有電，只是單純用來放置乾糧。

4｜進門之後，右邊是火爐人，前方的門就是輝哥剛來時，朋友送的貨櫃屋小門，如今貨櫃屋已經成了倉庫，很少進出。門上方的照明燈，銀色燈罩透過手工扭曲，美極了。

5｜每隔半小時敲一次的老鐘，在前一夜熱心提醒我失眠邁入第五個小時。

6｜輝哥與文麗姊看的書，大多跟土地、種植等有關。

＊秀明自然農法：由日本的岡田茂吉先生研究出來的農法，以「尊重自然、順應自然、只種當季蔬菜」為主要精神，強調無農藥、無化肥、只用草葉堆肥，並利用大自然自身的運作，讓土壤、大自然的動植物的生物鏈自行運作，讓果樹、蔬菜成為生物鏈的一部分。詳情可參考秀明自然農法協會（SHUMEI.ORG.TW）。

加強每棵果樹的自保求生能力

「每棵果樹都有天生的生存能力，如果你持續在土壤表面施肥與澆灌，那樹根就會停留在土壤表面；在我停止澆水與施肥之後，的確有一、兩棵枇杷死掉，但是其他都存活下來了。你不施肥不給水，枇杷的根就只好往土壤深處鑽，自己找養分與水分。不是有一句成語說『根深蒂固』，當樹根往下紮得越深，果實的蒂就會更加堅固，遇到刮風大雨，落果比率就會大幅降低。」停止噴藥後，叮咬枇杷的小蟲一開始的確快速增加，但也因此吸引大蟲與鳥兒來吃小蟲，小蟲的數量自然又被壓制下來，「生物的多樣性發揮作用，大蟲與鳥兒會幫我把害蟲吃掉一部分，我也和旭峰研發出立體套袋，相較於傳統紙袋更能防止枇杷被叮咬。」

1

1｜在共棲寮對面，曾經搭起的瞭望台，以及守護著瞭望台的巨人。

2｜從遠處看共棲寮、瞭望台以及枇杷園的相對關係。遠處群山為中央山脈。

3｜瞭望台底部的空間，有鞦韆和座椅，可以在此燒柴圍爐。

輝哥說，「我發現使用這個農法之後，不用定期施肥與噴藥，我有更多時間玩樂、非常適合我這種懶人個性！哈哈哈……」

「不過話說回來，我覺得小時候的自然經驗會成為長大之後的最佳佐證。小時候吃、住、用都跟土地有很緊密的連結，那些都成為我對待土地的態度。要不是記憶深處有阿公的自然耕種模式，也許我也不會質疑自己噴農藥是否會對這塊土地產生傷害。」

共棲寮，從貨櫃開始增生

搬到山上第二年，朋友送輝哥一個可以遮風避雨的貨櫃，輝哥於是以簡單貨櫃跟破爛帳篷開始，一個人住在那裡。之後舊料蒐集越來越多，於是慢慢蓋出廚房、浴室、客房……屋頂就用鐵皮覆蓋，「有個朋友專門在幫人家拆房子，拆下來的材料都低價出售，很多都是好木頭，一根才賣十幾塊錢，我收購了好幾車。空間是依照需求慢慢長出來，本來只沿著貨櫃搭出廚房和浴室，可是來訪的朋友很多，乾脆又搭出一間客房；偶爾媽媽來住，就再搭出一間臥室；後來想讓朋友們舒服用餐，就又搭出露天的用餐區和小廚房。」十年來，房子也經歷過大小颱風，不過一點事情都沒有，「自己住的房子，又在山頂上，當然要釘得特別牢靠。記得最嚴重的一次是二〇〇五年海棠颱風，貨櫃外面砰砰的敲擊聲真的很嚇人，我和朋友兩人躲在貨櫃裡三天兩夜。颱風走後出來檢查，有些樹被吹歪了，但自己的房子都嘸歹誌！」輝哥說。

如樹屋般的臥室　眺望愛、眺望自然

「三年前我和好友旭峰在枇杷園置高點蓋了一間眺望台，慢慢弄，花了三個星期的工作天。後來覺得這裡風景真美，加上時常有朋友來訪，我們需要有自己的隱私，所以就把瞭望台改成我跟文麗的臥室。」這間如樹屋般的臥室讓人極度羨慕，早上醒來近景是包圍在四周的樹冠、遠看是每天都不一樣的山景雲海。而對輝哥來說，高腳屋臥室的下方「還是這裡好」蜂窩晚上的嗡嗡聲，也成為伴隨他們進入夢鄉的睡眠曲。

輝哥之所以會自己蓋房子，同樣也是來自兒時親眼見證，「小時候看著爸爸夥同村莊親友鄰居合作，把自己的家蓋出來，我覺得自己動手蓋房子是再自然不過的事。」輝哥說，「再者，我也不想要靠借貸過日子。現在一般觀念認為蓋房子自己做不到，要花錢請人蓋或者花錢買蓋好的，高昂的造屋成本，就要努力賺錢才有辦法打平。早期鄉下大家一起蓋，不但不花錢，還賺到大家的團結與情感呢！」

房子應是有機體　是循環的一部分

對輝哥而言，房子就跟農作物一樣，是有機體、最後終歸土地，會壞、會倒，是正常現象，只要基本的安全做到就好。「我蓋房子的材料盡量用自然材、並且容易取得或就地取材為主。我

1

2

3

4

把買來的舊木料放在外面風吹日曬，沒有腐爛或發霉的木料表示夠強壯，可以拿來用。房子久了一定會有一些地方被蛀掉或腐爛，換一下就好，並不會想要把房子蓋成一百年都堅固不壞。」蓋房子沒用到的材料，就用在室內其他部分，諸如桌椅、床等；可以煮飯又可以烤蕃薯的火爐，則是用輪胎鋼圈和捕獸夾等組合而成，火爐有可愛臉部輪廓和四肢，傳神無辜的神情讓人看了就想笑；甚至還做了一個大型人偶，坐在鳥瞰台旁邊，守護著共棲寮。

早年輝哥曾經短暫從事過保險業，會幫客戶精算、生涯規劃，告訴他們幾歲要買房子、幾歲生小孩、幾歲退休……但是他在說服客戶時，連自己都覺得渾身不自在，「未來永遠是未知數，為什麼大家非要依循工作賺錢、買房子、生小孩、退休這樣的公式走呢？那這樣人生還有什麼樂趣可言？」輝哥說，「我很幸運被資遣，我們也決定不生小孩，這樣我才有機會來到這裡，這裡有冒險、有自然的陪伴，讓我成為玩家——玩自己的家！哈哈哈！」

輝哥目前主要經濟來源是靠枇杷及柿子這些農產品銷售，以及自製爆米香在各地市集及有機商店販售，雖然不豐裕，但足以支付水電費和上下山的交通油費。至於吃的，輝哥懶得種菜，於是藉著山上的各種野菜、種子、果實與雞蛋，還有朋友拜訪時帶來的柴米油鹽肉等，就吃得很豐富了。

即使是非假日，還是常有朋友來拜訪輝哥，朋友包括荒野協會成員、自然農法農夫、朋友的朋友、上班族的朋友等，「常常

5

6

1｜去年瞭望台被莫拉克颱風吹倒，目前為「步入死亡」的階段，輝哥讓它靜置在原處、回歸到自然土地之中。

2｜輝哥幫狗狗 KuGi 所釘製的狗屋，由輪胎跟木板組成，生動的表情與翹尾巴，可能因為太逼真又太巨大，KuGi 並不敢住在裡面。

3｜廁所離共棲寮約二十幾步距離，晚上使用時記得帶手電筒。只要轉一下止水閥即可沖水。

4｜輝哥的咖啡機有專屬的實木座椅，煮咖啡直接使用瓦斯罐點火煮。

5｜2007 年 3 月，輝哥沿著共棲寮西側再增加戶外餐廳，有些雕刻作品是原住民朋友送的。大型漂流木的空殼成為長凳。

6｜早上七點，我們一起在戶外餐廳吃早餐。玻璃瓶裡裝的是旭峰做的原味優格，再淋上喜愛的果醬，香濃好吃、五秒就解決了。

有些人一來再來，在此住上一、兩天，順便幫我農忙。好多位朋友來幾次之後，就決定把工作辭掉，開始改做自己想要做的事。」其中最典型的就是我拜訪那天也在場的旭峰，四年前還在科學園區上班，經過老婆的同意，辭去工作，就常常帶著兩個孩子來輝哥這邊住。他幫輝哥除草、蓋眺望台與雞舍，並承租輝哥旁的土地，用有機的方式種植愛玉。他也曾參與台東阿牛村土團屋的前期工程，之後還與朋友成立爬樹學校。旭峰的決定，是兩個孩子最棒的禮物，他們的童年有父母帶他們去冒險，大自然也將會在他們內心種下美好的片刻，成為他們未來迷惘時的羅盤。

輝哥與台東其他十幾位秀明農友，每個月會輪流到不同人家裡聚會，討論環境議題、分享生活點滴，雖然自己的自然生活過得十分幸福與滿足，他們還是抱持著積極入世的態度，大方與有緣人分享他們的生活。「若只有自己好、大環境越來越糟，這樣還是遲早會受到波及。我住在山上已經十年，今年頭一次這麼熱，熱到晚上都不用蓋棉被，對面的山坡地從沒有崩塌過，從去年莫拉克颱風開始，土石流開始讓翠綠的山坡地層層剝落，這都是大環境的警訊。」的確，約莫中午時分，沒有遮蔭的山頂真的讓人汗水直流。我本來和阿嬤躺在客房午憩兼聊天，還是受不了跑去沖涼，但山泉水早已被晒成熱水，這下我終於瞭解為何文麗姊昨天會託我幫小朋友買些冰棒消暑了。

睡完午覺後，輝哥開始準備做傳說中的爆米香，訂單來自台北的有機商店，另外也是替緊接而來的台東「秀明市集」*暖身。

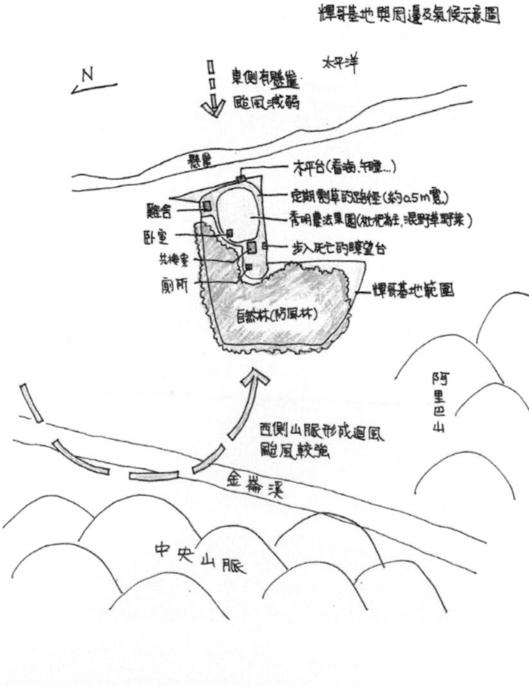

1｜從側邊看臥室的一樓。

2｜這裡是「眺望臥室」的一樓，上樓時要走這根小木梯，要記得脫鞋喔！

3｜從南側、也就是比較寬闊的枇杷園仰看「眺望臥室」。

＊秀明市集：由十多位深耕在台東的壯年農夫，定期在每年的一月及七月各舉辦一次市集，販賣以秀明農法種出的農產品、以及秀明農夫自行生產的周邊產品。（活動時間可參考培農自然農園 BLOG.YAM.COM/AMIA71）

1

2

4

1

5

2

6

7

3

「每年的一月跟七月是枇杷與柿子的生產淡季，偏偏秀明市集是在一月與七月，那我要賣什麼呢？」輝哥說，「我很喜歡吃爆米香，有一次在買爆米香來吃的時候想起來，之前撿到一台中古爆米香機（俗稱爆米筒），當時是想要拿來烘焙咖啡豆，靈機一動，也許可以在市集的時候爆米香。我開始去找師傅學藝，在里港找到一位七十多歲的阿伯，他一輩子都在做爆米香，準備要退休了，我跟著他到南溪擺攤、幫他搬工具、叫賣，就這樣過了一兩個月的觀摩與學習，慢慢抓到其中的訣竅。」

依照輝哥個性，不太可能乖乖沿襲傳統，一定要加些創意才好玩。從爆米香爆出時承接爆米的不鏽鋼網狀容器，他設計成蚱蜢造型，而為了讓爆米香的有機米不被切割，他特別訂製了圓形的不鏽鋼模具，讓爆米香變成圓塊狀，吃起來十分香脆，顆粒完整。有興趣的人可以在「秀明市集」看到輝哥的爆米香表演喔！

「人，學名智人（Homo Sapiens），人與動物不同之處，瑞典生物學家林奈（Carl Linnaeus）定義為人是理性、會思考的動物。」輝哥說，「不過，我更喜歡荷蘭歷史學家惠欽格（Johan Huizinga）所定義的人是遊戲的動物，因為有遊戲（playing）才會有歌劇、藝術、繪畫等充滿活力及感性的事物，這些都會讓環境變得更美好！」輝哥對舊料的潛力已經十分瞭解，還說將來老了要當「有品味的拾荒老人」！寫到這裡，思緒又飄到金崙山上，很快的，又可以再度拜訪那美好的山頭！

1 | 推開地板的一塊角落，就可以爬上二樓囉。

2 | 臥室前方的露台很迷你，寬約 80 公分左右，欄杆很低矮，連小朋友都知道要坐著比較安全。

3,6,7 | 隔年再訪輝哥時，雞舍已經蓋好了，母雞有安全的地方產卵，雞舍前方還有豬豬造型的人工蜂窩。

4 | 若有參加市集的爆米香活動，輝哥就會把自製「爆米香草蜢」放到車頂，開到市區現場製作爆米香。

5 | 在 2014 年拜訪台東小巧陶器時巧遇輝哥，他在車子後方貼上農場拍的樹蛙及「我是農夫」的字樣。

1｜輝哥拍下被風捲起與刷過的雲海。

2｜傍晚，陽光在雲海與中央山脈的山巒之間漫射。

3｜輝哥在懸崖邊搭出木平台，朋友們來訪時可以在這裡野餐。

4｜雖然柿子因為颱風與天災而連續兩年無法收成，但輝哥以自然農法栽種的枇杷樹已經壯大，結出肥大甜美的果實。

5｜輝哥的柿子，是由颱風、冷列空氣與高山泉水自行求生的柿子樹所孕育出來。沒有農藥與化肥，而有生物的多樣性、共生與能量。柿子不分美醜大小，全部以重量計。

6｜輝哥的枇杷園沒有農藥與化肥，卻有蝴蝶、蜻蜓、青蛙和各種鳥類，藉由生物多樣性形成生物鏈，叮咬枇杷的害蟲也有天敵會吃牠。

7｜此蜂窩的野蜂相中此處並主動築巢，辛勤地幫輝哥土地上的植物授粉，偶爾還要分給輝哥一些些，輝哥取名此巢為「天上掉下來的禮物」。

8｜住宿換工的同學與文麗姊正在整理枇杷的套袋。

9｜大人在蓋雞舍時，小孩在旁邊看，孩子的內心也因此留下記憶，房子是可以自己蓋出來的，而且很正常。

10｜為了讓雞群不再顛沛流離、四處下蛋，輝哥與旭峰自行用舊木料蓋起比較堅固的雞舍，截至目前為止成本還花不到三千元。

11｜拜訪當晚，音樂表演完畢之後，大家玩起人臉塗鴉。

12｜輝哥拍下山腳下的排灣族人邊走邊用頭頂柴枝的景象。

13｜用豆莢與小樹枝做出拉二胡與小提琴的豆豆先生。

14｜土地上隨時可以看到綻放的山百合，山百合這幾年已經越來越罕見了。

輝哥的爆米香台詞和爆爆紀實

早期爆米香是移動式攤販，會到各個村莊遊走叫賣。由於爆米香的製作過程中，會突然發出極大巨響，因此小販都會先大聲昭告村民。為延續這種傳統，輝哥也擬了三段台詞，分別用在 1. 剛抵達村莊時、2. 開始加熱加壓爆米香機時、以及 3. 即將要爆時，全程都是台語發音。

叫賣的道具包括：鈸以及輝哥自己做的銅製大聲公。

〈第一段〉

看看看、緊來看，爆米香喔～
早來早看，慢來看一半、沒來你就沒趟看
鏗鏗鏗（敲鈸）、爆米香喔～！

〈第二段〉

鏗鏗鏗、爆米香喔～
等會要爆了喔
阿是嘿咧古錐的囝仔人
有身的查某人
嘿呷係嘿咧
容易驚嚇的使大人
等會就要把耳朵稍摀一下
若是驚嚇到是沒得賠的喔
鏗鏗鏗！

〈第三段〉

鏗鏗鏗，爆米香喔～真的要爆了喔！
草蜢仔弄雞公、大家來爆米香（押韻）
要爆了喔！鏗鏗鏗！真的要爆了喔！ You Shi ！

輝哥將電動馬達安裝在中古爆米機（真空壓力鍋）上，增加轉速。

透過自製的銅材質大喇叭（與大聲公似乎是同期製作），將慈心認證的有機糙米倒進爆米機中，並加熱爆米香機。

同一時間，旭峰正在煮麥芽膏與有機砂糖。

當溫度加熱且壓力鍋接近 8 至 10 磅時，就準備要爆了。

將壓力鍋出口靠近草蜢頭部，用鐵棒打開壓力鍋，瞬間的壓力差會讓內部的米粒爆開。

爆米香暫留在草蜢尾巴。

將草蜢的身體抬起倒下爆米香。

趁爆米香還熱騰騰，趕緊將調製好的麥芽糖漿攪拌混入。

混好糖漿的爆米香要速速倒進模具裡面，以免凝固。此圓形模具是輝哥特別訂製，為的是能保留每顆爆米香的完整。

圓形的爆米香定型之後立即包裝，冷藏約可保鮮一週。

所謂的「草蜢仔弄雞公」，就是在爆完米香之後，雞群立刻湧到草蜢下方吃掉地上的米花。

「眺望臥室」蓋屋摘要

從瞭望台、共棲寮到眺望臥室，都是輝哥自己蓋的。輝哥通常是在心裡先預想出草圖，然後再邊做邊調整，以下是輝哥與旭峰在建造眺望臥室的摘要過程。

2008 年 8 月中旬，輝哥把主結構的木料裁切備妥。

朋友們聽說輝哥又要蓋房子了，也主動跑來幫忙。

一週之後，主結構體大致完成。屋頂是雙斜，一長一短。短的一面朝向寬闊視野，才不會遮住風景。

八月底，進行「外牆」施工，內部已經有了框架和新的底板，外牆則釘上裁切好的一片片舊板材。

自行削出邊緣木條，釘在牆與結構體之間的細縫，可以減少昆蟲在細縫中出入的機率。

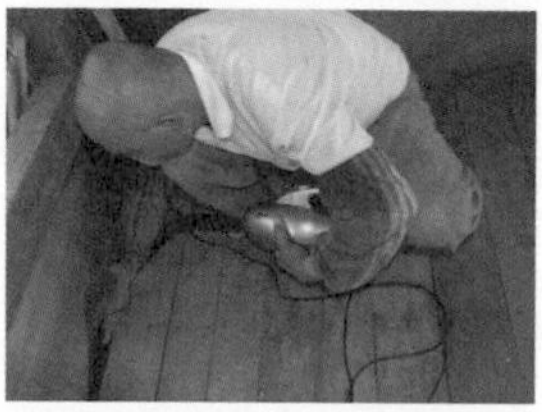

用吸塵器將邊緣的木屑灰塵吸一吸，再裝上舊窗戶即接近完工。

蓋屋預算表

項目	費用（元）	細項說明
共棲寮	20,000	木料、零件。一根舊木頭 10 ～ 20 元
眺望臥室	5,000	木料、零件。且木料還剩 1/3
雞舍	3,000	興建中
總價	28,000	

生態

這十年來輝哥記錄了土地上各式各樣的生態紀錄，很多都是水池裡面孕育的新生命。這塊土地很幸運是被輝哥照顧，因此昆蟲、鳥、蛇等各種生物都可以盡情展現牠們的生命力不被打擾。

蝴蝶的蛹直接結在共棲寮的柱子下。

輝哥捕捉到大冠鷲在山腰處的電線桿上。

台灣特有種橙腹樹蛙，屬於中大型青蛙，長度約五、六公分，綽號性感小紅唇，吸引不少生態攝影師專程來拍攝，但要靠運氣，並不是每次都看得到。

樹蛙四連抱，難怪母蛙要特別強壯才行。

輝哥拍下一隻好奇的趾虎，摸著金屬裡反射的自己。

某天中午在水池中發現一隻領角鴞在裡面覓食，該不會是被牠發現樹蛙的蹤影了吧！

這是長尾水青蛾的雌蛾，屬於天蠶蛾科，展翅寬度達十三公分，有著飄逸的長尾巴。

這是台灣鼴鼠，長期在地底下挖找蚯蚓、蠕蟲等蟲類來吃，所以視覺退化，看不到眼睛。

展翅長達二十幾公分的蛇頭蛾，白天大剌剌停在共棲寮牆上。

有機生活

自給自足的鄉居生活

簡單大方的小鐵皮屋，讓夫妻倆得以在退休之後，享受悠閒的鄉居生活。透過停止使用農藥，並搭配各類果樹林木混種，讓原本只是單一生產酪梨的土地得以休養生息。現在，夫妻倆過著幾乎自給自足的生活，並浸淫在各種令人讚嘆的生態驚喜之中！

※ 本篇部分照片由受訪者提供，特此致謝。

family story

屋主 / 聰錫、淑貞

取材時 2010 年 7 月 / 聰錫 51 歲、淑貞 51 歲、女兒 25 歲
建築設計、工班發包 / 1998 年 3 ～ 7 月
整地、開挖地基 / 1998 年 5 月
結構體、牆體 / 1998 年 6 月
完工入厝 / 1998 年 7 月
植栽、果樹、菜園耕種 / 1986 年至今

house data

貞錫雅舍
地點 / 台東縣卑南鄉
地坪 / 2100 坪
建坪 / 一、二樓各 13 坪
建材 / 輕鋼構

同年出生，從鄰居、同學、情侶到夫妻的青梅竹馬聰錫與淑貞，去年一同辦理五十歲退休之後，開始將生活重心從台東市區轉到山區，也就是夫妻倆生長的地方。

「我們都是在卑南鄉綠色隧道旁邊長大，成家之後才在台東市區購屋。回到山區居住，應該算是實踐年輕時的夢想吧！我大學時唸農經系，年輕時就很想籌措資金成立農場了。」聰錫說。

前半生陪太太當公務員　後半生陪先生當農夫享受生活

「我就說服他說，先考公務員吧，後來，他順利考上公職，我們也開始過著穩定收入的生活。」當時淑貞已經是公務員，在農業單位上班，知道農夫的辛苦。「我跟他說，婚後的二十五年先陪我當公務員，之後二十五年換我陪他當農夫。」他們只有一個孩子，已經成人就業。當時考量，一個孩子在教育及生活品質上，都能兼顧到最好，不愧是學過經濟的。

雖說收入穩定，不過仍很用力在拼經濟，一九八六年，夫妻倆從長輩處繼承一塊農地，以慣行農法種植酪梨。「年輕時只顧拼命賺錢，分到這塊地後，不繼續耕種很可惜，我們早上上班之前，就先開車來這裡。採果、裝箱等，及做些例行性的巡園工作，再趕著去上班。有時候比較關鍵的季節，下班之後也要再來巡一巡。假日，就從事更耗體能的噴藥除草工作。」每天幾乎都要做兩份工作，即使當時才二、三十歲，仍然覺得十分勞累。而農藥

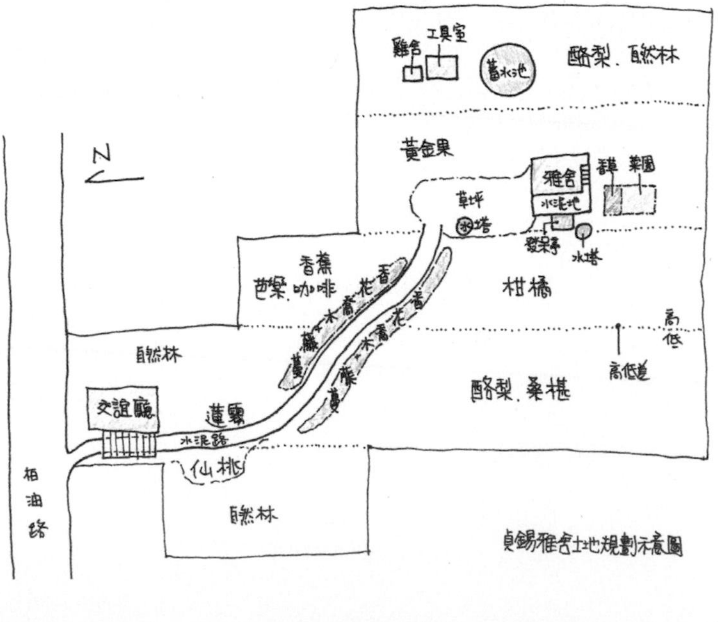

貞錫雅舍土地規劃示意圖

1｜進入雅舍之後，是精緻的小起居空間，沿著窗戶擺滿了書，背景音樂有蟲鳴鳥叫、也有淑貞放的自然音樂。

2｜穿過廚房之後就是一樓衛浴，輕鋼構搭建完成後，由聰錫自己釘上板材。

3｜水甕旁很容易發現白頷樹蛙，牠們似乎一點都不怕人。

4｜務農工具收納在涼亭底部的角落旁，取用方便。雅舍門口是半戶外的喫茶空間，左側就是涼亭的背部，掛滿了各種最新保育動物的圖鑑。

5｜完工之後的雅舍，原本外牆是白色的。

6｜通過起居室就會來到約一坪半的小巧廚房，廚房內部的木料內裝由聰錫自行裝潢。

7｜玉蘭花樹下綁著自己做的鞦韆。鞦韆常出現在有微笑的地方。

8｜十年前從盆栽搬出種在土壤裡的酒瓶蘭已經長到五公尺高。

9｜書架裡大部分擺放的都是跟自然、生態、人文及農法有關的書籍，有些是工具書，在雅舍附近若發現什麼新的昆蟲植物，就可以立刻對照查詢。

4

1

8

5

2

9

6

3

1

中毒問題一直在腦中反覆，假使中毒了，全家會如何？

幸運的是，兩人均於農政單位上班，開始接觸到有機概念及生態保育理念。慢慢地，夫妻倆開始思考自己與土地的關係，土地是否只是個生產酪梨賣錢的工具？除了酪梨之外，土地還能給我們或其它生物什麼？人類又要怎麼回報土地？

農藥停用十三年後，土地才再無農藥殘留

一九九七年，抱持著以生態為重、養生第一的前提，他們決定停用農藥、化肥與除草劑，開始養地讓土地恢復活力。「我們打算將農地轉型為退休休閒農場，是生態的、分享的、永續的退休農場。經常聽到務農的鄰居和親戚發生農藥中毒事件，我們也擔心用藥問題，而且山坡地上灑農藥，毒物就會滲到地下水層，下游使用井水或抽取地下水的居民，很可能會遭殃。」聽錫說，「雖然我們停止用藥，不過部分接壤果園仍持續使用農藥，因此我們沿著邊界處，種植隔離林帶。」聽錫也試著說服鄰居減少農藥與除草劑的使用，減低周邊農藥飄過來的機率，持續在努力影響鄰居一起愛護地球。不過，殘留的農藥還是必須慢慢淨化，「整整十三年，我們才取得農委會藥毒所無農藥殘留的檢測。」

淑貞說，「當年我們決定停止使用農藥與化肥，就已預知會有幾年幾乎無收成的後果。摸索中我們看著酪梨被果蠅與椿象危害得無一完整，我們只能眼睜睜看著大部分的水果在熟成前就淪

1｜雅舍對面的蓄水池上方再以輕鋼構搭起涼亭，是夫妻倆午睡及看書的地方。邊緣欄杆混接舊窗戶，吊床則是夫妻倆在吳哥窟旅遊時購得，費用約合台幣一百元卻十分耐用。聽錫手上拿的是黃椰子葉，質輕而硬，可當扇子用。

2｜吊床上方天花板有十分美麗的家長腳蜂蜂窩，出乎意料地溫馴。

3｜涼亭其中一根柱子上，掛著十分可愛的森林防火牌子，是聽錫任職時的收藏。

為各種昆蟲的美食。不過，我們寧可讓土地慢慢變乾淨，這些過程是必然會發生的。我們還自我解嘲是沒收賺閒。」在酪梨自然淘汰減少、補植其它果樹及林木後，十年下來貞錫園的林相改變、生物多樣性更豐富。四時的蔬果佐餐及鳥叫蟲鳴的陪伴正是大自然的最佳餽贈。

土地復健　心的復健

停用農藥後，經常發現許多驚喜，園內陸續看到五色鳥、朱鸝、環頸雉，在土地上安心地悠遊繁殖。在種了蘭嶼海桐與茄苳之後，還吸引了蛇頭蛾來產卵。「那是一種悸動！大自然教我們成長，我們現在體會到萬物都是平等的，蜜蜂、菜蟲跟人一樣都有要過的一生。試想，今天若有人突然奪走你的土地與生活，會做何感想？」聰錫說，「有蜜蜂要築巢就讓它築巢；有鳳蝶幼蟲在吃柑橘嫩葉，就讓牠吃吧；以前喜歡釣魚，現在不釣了；以前看到蝸牛都會踩死，現在就讓牠們自由活動。」在聰錫家看到的蝸牛，還成群大剌剌地在狗飼料碗裡面覓食呢！

在停用除草劑之後，聰錫都自己割草，「我嘗試增加物種的多樣性，各式各樣的雜草可以組成各種昆蟲的生態系，也可以幫忙抓住裸露的土壤。我用背負式除草機割草，留下約五、六公分的雜草高度，而非連根拔起。」植物都有固碳功能，包括雜草，而被割低的雜草會再長新的葉子，這時土壤裡的根系會跟著增生

1

2

3

擴展，保水固碳還增加有機質。

「我也開始混種各式各樣不同的果樹，包括柑橘、桑椹、香蕉、蓮霧、仙桃……等，它們均勻分布在果園區。『混種』的好處是，害蟲不會輕易地在同一樹種之間擴散。」聰錫說，「酪梨旁邊混種各類水果，才能保證每個季節都有乾淨的水果好吃。」

1 | 務農工具收納在涼亭底部的角落旁。

2 | 吃完早餐後，我很幸運的體驗採收無農藥無肥料的柑橘，整籃滿滿的很開心。

3 | 涼亭前的雀榕產果量大，吸引各種鳥類啄食，正好可以在涼亭上面好好觀賞。

4,5,6 | 在 2014 年秋，友人在不傷害雀榕的前提下，順著枝幹蓋了間舊料木屋，屋內木香四溢、從窗外看去山景一覽無遺。

7 | 主人與小貓 MONEY 深情對望，階梯可通往雅舍二樓的臥室及露天大平台。

7

6

4

5

1

2

3

4

5

6

7

8

簡單平價鐵皮屋　提供久住

一九九八年，為了能夠在山上待上更長一段時間，聰錫與淑貞決定蓋間可供休閒及置放農具的小屋。基地上原本有一間舊房子，當年颱風來時不耐老舊而倒塌，他們將倒塌的房子拆除後，於原處重蓋一間簡單的小鐵皮屋，座向參照前身的老房子，因應周邊山谷地形，房子座東朝西，使南北通風，室內乾爽舒服。基地位於海拔一百五十公尺的小山之間，即使中午也還算涼爽，到了晚上，即便是夏天仍需蓋被，屋頂加裝隔熱泡綿，房子各個方向均留窗戶，採光與通風良好。

「當時還沒有水泥路，吊車與怪手無法進入基地，所以一切都是人工整地與施工，H型鋼等建材也是人力扛入，十分辛苦。不過，工班還是十分有耐心且精準地完工了，房子堅固，歷經二〇〇四年的敏督利與艾利颱風都無大礙。」房子的一、二樓各是十三坪，雖小但功能齊全，又方便打掃，對夫妻倆便已足夠。一樓是起居室、廚房與衛浴，二樓則是臥室與露天大平台。露天大平台是淑貞得意之作，當時在規劃時，就堅持一定要有開放式的露天平台，現在成為大家最喜歡的空間。朋友們在此喝茶、聊天，夜晚除可遠眺市區夜景、更能仰望滿天星斗，旁邊群樹環繞十分隱密，比頂級 Villa 更有特色。

開放心胸學習　退休生活更充實

我在「貞錫雅舍」從第一天下午待到隔天早上，與夫妻倆一同體驗他們的生活。下午在涼亭處看書、午睡，醒來之後去巡一下果園與菜園、採茶。他們的茶樹就沿著車道種植，兼具綠籬功能，不用農藥、自然生長。我們以兩葉一心的方式採，不知不覺也採了一大盤。巡果園的時候，發現有特殊的昆蟲或青蛙，夫妻倆就驚喜連連，呼喚對方趕快過來看，或用相機拍下，在部落格發表分享。晚上睡前，大家在二樓平台上，伴隨星光小酌梅酒。

1｜原本的集貨倉庫改成貞錫客棧，可以打桌球與交誼。客人來訪時，雅舍臥室提供訪客過夜，夫妻倆則留宿客棧作伴。

2｜割下的香蕉串還是綠色的，掛在房子前自然成熟，也成為獨一無二的雅緻裝飾。

3｜不同於傳統押花，聰錫用農場現有的花材與果實，創作出很有童話感與立體感的押花作品。

4｜組成矮桌的木櫃與收納用途的鐵櫃，都是淑貞機關報廢品，拍賣時買下的。

5｜土地上果樹林木混植，取代傳統一塊土地單一作物的種植習慣。

6｜果園裡的香蕉樹非常高大，結成的香蕉有些被松鼠吃掉，趁未熟時割下一串給人吃。

7｜因為不噴灑農藥，套袋不及，酪梨還是被叮了幾包，不過不影響口感。

8｜發芽的蕃薯成為最佳的植栽裝飾，讓房子門前四處都有綠意。

隔天準備早餐，淑貞負責備料、聽錫炒菜，兩人合作無間。早餐還有一盤冰鎮酪梨片，不愛吃水果的我，原本是不打算取用的，在聽錫的推薦下，鼓起勇氣夾起一片，沾點芥末醬油……哇！口感很讚，像是生魚片哩！忍不住再多夾幾片來吃！早餐吃完後，聽錫開始準備炒昨日採摘的茶葉，邊炒邊揉，殺菁後再放到小型烘乾機裡慢慢烘乾，茶葉味道竟也獨樹一格、十分耐泡呢！

聽錫炒茶的同時，淑貞已經開始在室內外打掃。忙完了，兩人都待在門前的喫茶區，聽錫泡茶看書、淑貞練習水墨畫或書法，「其實我們很忙，從押花、國畫，到學攝影、拉胡琴、當義工……並不是因為想要打造所謂人生第二春，而是想要讓生活充實、身體健康就好。」聽錫說，「很喜歡看日本自給自足的節目，而我們現在在食物方面，也幾乎接近自給自足，除了米之外，蔬菜、水果、雞蛋都可以在自己的土地上生產了。」

夫妻倆同時退休至今剛滿一年，互相陪伴。能夠立刻習慣有各種動物昆蟲出現的鄉居生活，其實跟他們小時候就在鄉下長大很有關係，「回到山上住，一定會面對流汗、土壤、蚊蟲等一般人覺得不自在的事物，但是我們從小就接觸，所以不會有懼怕感。能夠都在五十歲退休，我們倆十分幸運。一來我們還有體力，可以相互陪伴務農、旅行；二來可以邀請許多朋友來『貞錫雅舍』體驗、分享我們的退休生活。」聽錫說，「來訪的朋友非常多，包括從國外來的背包客以及國內朋友，另外我們也與部落格朋友交換住宿、交換經營心得。」所謂的交換住宿，就是當朋友來台東玩時，可以住「貞錫雅舍」；當夫妻倆到別處玩時，就去住當地朋友的家，到私密景點走透透。「交換住宿的同時，我們也交換食材和自己培育的特殊植栽。」這樣的交換，免除了金錢交易、多了一份友誼，好事一件。也歡迎聰錫與淑貞來到台中縣玩時，到我老家住住，體驗一下家中自製的夏日消暑特產麻液！

1 | 掃完地之後，聰錫泡茶看書、淑貞開始練習水墨畫。

2 | 聰錫將採摘下來的香椿綁起來晒乾，準備分享給朋友。

3 | 上面有愛心圖案的倒地鈴種子。

4 | 自種的鑽石蓮霧，多汁、不會過甜。

5 | 從慣行農法到自然農法、從單一果實生產到樹木混種，聰錫與淑貞讓這塊土地得以休養生息。

6 | 蝴蝶就在房子門口旁的繁星花上採起蜜來。

7 | 聰錫、淑貞、黑妞一家三口合照。

自製茶葉

夫妻倆手持竹盤，採摘車道兩旁的茶樹，採摘方式為二葉一心（心指嫩芽）。

剛採下的茶葉瀰漫讓人神怡的清香。

採摘的量足夠泡上幾天，用手輕揉翻堆後，靜置讓茶菁走水發酵。

放了一個晚上的茶葉變得更軟了。

準備炒茶，先把鍋子用大火烘乾預熱。

茶葉整盤倒進鍋裡，並將火力調到小火。

邊炒邊揉，重複動作約五分鐘，直到茶菁炒熟，最後幾乎揉成球狀。

將茶葉再度攤開於竹篩，再分置於食物乾燥機的盤子上。

食物乾燥機的溫度設定在 60℃、烘上 24 小時，就大功告成。

專家、工班、建材行口碑推薦

鍊成鐵工廠	**陳萬寶**（台東鹿野）
推薦語	施工紮實，熔接細心，完工十二年來並沒有發現漏水或鏽蝕現象。
聯　絡	089-581-053

銳藝實木地板	**邱清豐**（台東市）
推薦語	室內裝潢和地板使用起來都很堅固，很有效率。
聯　絡	089-361-957

自產早餐

聽錫正在為我們的早餐準備食材，現在採摘的是自然生長的蕃薯葉。

早上剛採下的香椿嫩芽，氣味特殊，也是不需特別照顧的野菜。

淑貞正在準備所有的食材，要一起炒的食材會放在同一盤。

準備妥當後，輪到主廚聽錫大顯身手。

豐盛的三人份早餐，有酪梨、胡瓜、香椿、筍乾、炒蛋和清中帶甜的青菜湯。中間的酪梨搭配辣椒醬油，口感很像生魚片。

蓋屋預算表

項目	費用（元）
水電（水管、電線、化糞池、水塔）鋪設	100,000
輕鋼構結構體	250,000
泥水、地磚	80,000
裝潢	150,000
廚房	50,000
總價	650,000

廢木變藝術

在太平洋
崖上的小屋

從台東市開車前往都蘭的路上，一定會經過飛魚．夏曼的家。透過Google地圖看都蘭一帶，飛魚的家是台十一線上最靠近海岸邊的民宅，後院板凳拉出去就是太平洋，地形是臨海懸崖的岩岸，房子與海的高度落差約在二十公尺左右。住在這間房子裡，隨時得以享受海風、海景、海聲，但也會面臨海水倒灌的可能……

※ 本篇部分照片由受訪者提供，特此致謝。

family story

屋主 / 飛魚
原名席．傑勒吉藍，小飛魚出生後更名為飛魚．夏曼（夏曼為父親之意）。藝術家，擅長使用自然素材創作，種類涵括木雕、皮雕、斧頭及刀的量身訂做、公共藝術、油畫及手稿。
聯絡 / cingwon@ms33.hinet.net

取材時 2009 年 11 月、2010 年 5 月、7 月 / 飛魚．夏曼 39 歲、徐玲 37 歲、小飛魚 7 歲
租下都蘭台十一線海岸旁的鐵皮屋 / 2001 年 5 月
室內外改造 / 2001 年 5 ～ 7 月
房子外觀、後院改造 / 2001 年 10 月至今
後院綠化、種樹 / 2002 ～ 2005 年
開始養雞 / 2008 年
於後院實踐樸門設計菜園 / 2009 年 12 月
在後院新蓋了涼亭 / 2010 年 8 月

house data

地點 / 台東縣都蘭鄉
地坪 / 70 坪
建坪 / 40 坪
格局 / 前廊、玄關、工作、廚房、用餐、起居
結構 / 磚造、局部木造

飛魚・夏曼，蘭嶼人，是位全方位藝術家，能夠即興打出一手好鼓、運用各種媒材作畫，還可以依照每個人的特質來製作專屬的刀、斧與皮雕。我和飛魚是二〇〇九年在台東參加樸門設計PDC（Permaculture Design Course）課程時認識，當時看了他對未來的家的藍圖，就很想先看看他目前居住由鐵皮屋所改造的家。

走到後院，看到海平面與飛魚家的後院有很高的落差，便覺得十分羨慕，能夠擁有海景、享受日出之美。然而，飛魚表示剛搬來時，尚未瞭解到海的力量有多大，沒想到強風與大浪竟也能突破高差，就這樣倒灌進家裡以及台十一線馬路上！

因為這樣的經驗，飛魚開始自製「防颱板」，把木材廢料釘成比窗戶再大些的尺寸，大風大浪前夕，將朝海一側的窗戶全都掛上防颱板，然後門底下則堆上兩、三排沙包，二〇〇五年龍王颱風，因有了萬全準備，除了後院外，室內並沒有損失。

有人問他為何不興建更高的護堤，或者申請在海邊放置消波塊，然而對飛魚而言，人定勝天是可笑的，順應自然、和諧共存，才是與自然相處最自在也最熟悉的方式。

因為這裡像蘭嶼

為什麼飛魚會選擇這裡？「因為這裡跟蘭嶼一樣，隨時看得到海。」飛魚出生於蘭嶼，是善良的天神之子——達悟族人（Tao）。他由外公外婆帶大，外公是族裡的技藝領袖，「達悟族

1｜從緊臨海岸的後院看房子，原本牆面的鐵皮波浪板鏽蝕嚴重，已經拆除，上半部改成木料板材當牆，由於有內外兩層，窗戶可以水平藏進牆裡的空間，下半部白牆則噴上魚兒的剪影。

2｜後院的門，以漂流木做為把手。飛魚調出來的藍色很美，完美襯托出木料線條。

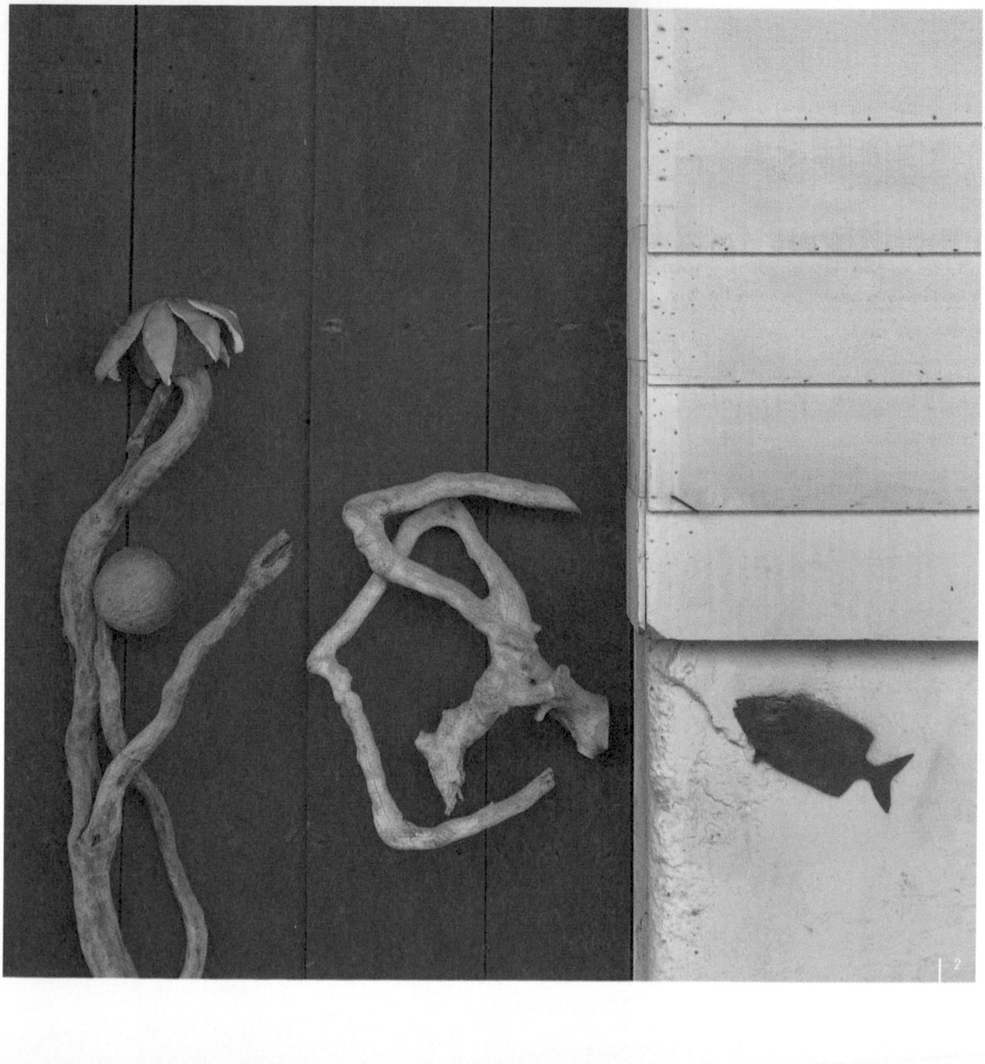

1｜飛魚乾就晒在後院，隨時可吃。

2｜飛魚很隨性地將摘下的百香果掛在門前漂流木上，家裡有許多裝飾都是這樣隨性而來的創意。

3｜廚房與餐廳之間的牆面嵌上珊瑚礁與石頭，並用曬乾的椰子葉片交錯編織成牆上的裝飾。

1

2

裡有四種領袖，包括意見領袖、戰爭領袖、祭典領袖及技藝領袖。外公擅長編織、雕刻等多項才能，族人會拿珍貴的藍色琉璃來交換。不過，達悟族是平權社會，領袖們不接受供養，平常也要靠自己勞動才有收入，因此他也會捕魚、製作魚乾。」飛魚國中畢業後遷居台灣本島，接受了短期但異常嚴苛的遠洋漁業訓練，之後並考進復興美工就讀。對從小在蘭嶼長大的飛魚而言，台灣非常「大」、有些地方甚至離海很遠。八年前，他終於在台東的台十一線旁落腳，因為這裡有海浪伴隨他入眠、有海風喚他起床，就跟老家蘭嶼一樣令人熟悉。

透過老屋改造創造理想生活藍圖

十年前，飛魚曾積極參與反核運動。身為蘭嶼人，他很驚訝台灣政府沒有徵詢蘭嶼居民的意見，就將核廢料放在家園土地上，「不吭一聲就將有毒的垃圾丟在你家門口，拍拍屁股走人。」因為參與，更可以看清楚政府的真面目，對原住民的議題也更加關注。他曾拜訪菲律賓與達悟族同屬巴丹語系的原住民族人，當地族人面對的不只是抗爭與遊行，還要面對更殘酷的政府軍血腥鎮壓，只因當時菲律賓政府將原住民的地賣給國外財團，以便砍伐土地上的原始林，原住民不甘被強迫遷至貧瘠荒涼的所謂「保護區」，而與政府抗爭。「十二歲的原住民小孩就要學會拿槍與政府軍抵抗，有些當時認識的族人朋友，現在都已經犧牲了。」對

3

1

2

3

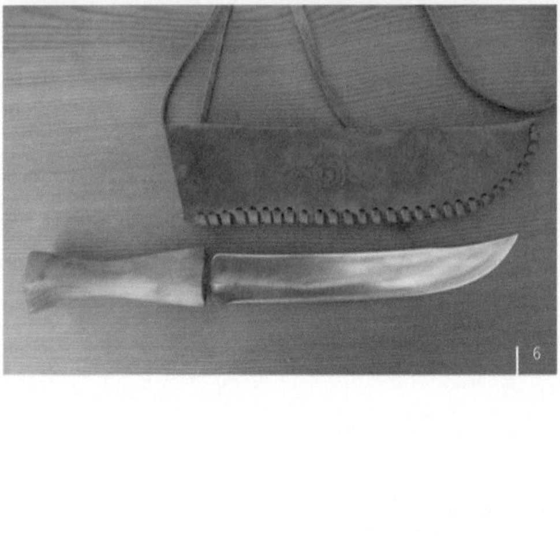
6

6

於自己一時無法改變的種種不公不義，飛魚終於找到一個出口，就是透過台東老房子的改造，期許能一點一滴改變、創造心目中的理想生活藍圖。

大窗與雙層牆的對流效應

這是租來的房子，房東要求不能變動建物實牆、地板與天花板。而原本朝海那面牆上半部則是鐵皮牆，經年累月面對海風，已經嚴重鏽蝕。因此飛魚將鐵皮全數拆除，改以魚鱗板的方式，釘上一片一片的木板，順著下半部磚牆的兩側，分為內、外兩層。大面窗戶可以往左右水平推開，直接藏在雙層牆內，夏天窗戶大開、加上雙層牆的效果，即使屋頂是鐵皮，因空氣大量對流的關係，仍十分涼爽。

雞、果子狸和人的鬥智

後院位於房子與海岸之間，是狹長帶狀，寬約四至五公尺、長約十五公尺，原本是空空如也的荒地，飛魚從海邊移了幾株林投幼苗，至今已經比人還高。原本的荒地雜草叢生、容易藏蛇，將雜草刮除、改鋪長不高的台北草，就不用太擔心小飛魚與朋友在後院玩耍了。三年前，友人送了飛魚幾隻漂亮健美的日本雞，叫聲洪亮、生出來的蛋也十分鮮美，這些雞於是被飛魚養在後院

1｜雞媽媽為了保護這窩小雞而被果子狸抓走了，飛魚負起照顧小雞們的責任。

2｜後院養有一群漂亮的日本雞，隨時提供飛魚最新鮮的雞蛋、減少後院害蟲與螞蟻的數量，還可充當早晨的鬧鐘。

3｜從家族承襲了飛魚的捕捉與處理手法及習俗，從捕撈、剖殺到曬乾都有所講究。

4｜房子前廊及後院木造部分都是飛魚親自裁切做成，大部分的木料都是在海邊拾得的漂流木。

5｜後院雜草割除改成台北草後，不用擔心蛇藏在裡面，孩子們可以盡情遊玩、觀察自然生態。新種植的喬木也吸引了鳥類來築巢。

6｜我跟飛魚訂的刀，握柄為台灣櫸木、皮套是牛皮、刀子是高碳鋼，做工很仔細，可以繫在腰間，刀子與刀套有卡榫，所以在行進間不會脫落。經過要求，我請飛魚留下他自己的 LOGO 和自創的飛魚單字。

自由活動，幫飛魚除了不少害蟲與螞蟻。也許是環境太優渥，很快地從兩隻繁衍成一群，還因此引來果子狸垂涎。現場籠子裡一群小雞，牠們的母親就是因為勇敢保護小雞，而慘遭果子狸叼走，為此，飛魚沿著果子狸的路線設了兩個捕獸夾陷阱，不過兩個星期下來仍沒抓到，可見果子狸也不是省油的燈啊！

截稿之際，飛魚又蓋好一間涼亭，串連了後院到二十公尺懸崖底下的海邊，「在涼亭吃飯不用擔心湯匙掉下去，只要爬到懸崖下面就撿得到了！哈哈！你一定要來看唷！」待我去補拍照片之後，再放到部落格與大家分享囉！

在都蘭打造屬於自己的地下屋

在距離房子約十分鐘的車程，飛魚在都蘭山腰買了兩分地，那塊地的一大特色，是在緩山坡地的邊緣突然變成陡峭的懸崖，十分適合設計地道與懸崖出口，目前尚在規劃階段。飛魚打算將蘭嶼的地下屋概念延伸，創造出屬於該地形地貌的地下屋，基本的藍圖都已經構思好了。為此，他也特別去上樸門設計ＰＤＣ課程，希望能夠發揮土地與房子的美學、機能與生產，達到在那塊地自給自足的目標。

1｜挑出較直的藤枝，用麻繩串起，就可以快速做成既環保又有隔熱效果的鍋墊。

2｜飛魚打算養蜂，跟朋友要了兩小塊蜂巢，打算之後放進蜂后，就可以吸引工蜂及雄蜂。

3｜飛魚試著用稻草覆蓋法讓蔬菜幼苗自然生長，不過螞蟻毫不留情地將種子四處搬動，變成蔬菜隨處長的景象。

4｜躺在吊床上伴隨著海浪聲，很容易就陷入夢鄉，吊床是飛魚父親編織的，編法複雜但紮實。吊床後方的林投樹約五、六年前種下，如今已經比人還高，可以抵擋強大的海風，果汁也可以消暑解渴。

5｜自然是最美麗且免費的裝飾素材，魚的尾鰭貼在窗戶玻璃上，或以麻繩串起貝殼、魚鰭及羽毛，再以漂流木當作骨架，就成了零成本的門簾。

6｜藍色象徵海洋，塗在天花板上。吃過的魚鰭貼在藍色柱子上，襯托出魚鰭的造型與色系。米篩、古琴乃至於木馬都成了空間裝飾的一部分。

4

3

1

2

6

5

未來的飛魚理想基地

距離目前房子約十分鐘車程的都蘭山腰，飛魚買下兩分地，土地上有幾株珍貴的原始老樹、階段式與懸崖的地形，都是吸引飛魚買下這塊地的原因。飛魚另外種了近五十株的多種樹苗，其中還包括在台灣已經很罕見的棉花，飛魚透過植栽，培養土地的機能與生產力，預計達到一定程度之後再蓋房子。

未來的房子會依照地形建蓋、並且就地取材，外人不易察覺，飛魚將藍圖都畫出來了。

在飛魚的土地上有一區專門種植棉花，做為日後編織時的基本素材。

飛魚正在介紹新基地的範圍。

手作藝術家飛魚

1

飛魚到紐西蘭拜訪原住民毛利人時，愛上他們的「吐舌頭」，表示歡迎之意。身上的披肩、褲子、包包、包包側邊的小刀以及手上的斧頭，都是飛魚自己做的。

2

外公留給飛魚的斧頭與刀，刀柄則是新換的。傳承外公的技藝，飛魚也幫人量身訂做皮件、斧頭與佩刀，運用的都是自然素材。

3

正在專心縫製他人訂製的牛皮包包，側面還有專屬設計的飛魚簽名與圖案。

4

飛魚畫冊裡的自畫像、海蕃及海底獵人。

5

將飛魚飛躍、生命力及海洋曲線融合表現。

6

在蘭嶼寫生的達悟族特有靠背石以及晒飛魚乾。

7

飛魚一直想要編織一張吊床給小飛魚，不過畫的速度比編織來得快很多。圖中象徵著小飛魚由山豬及飛魚守護著。

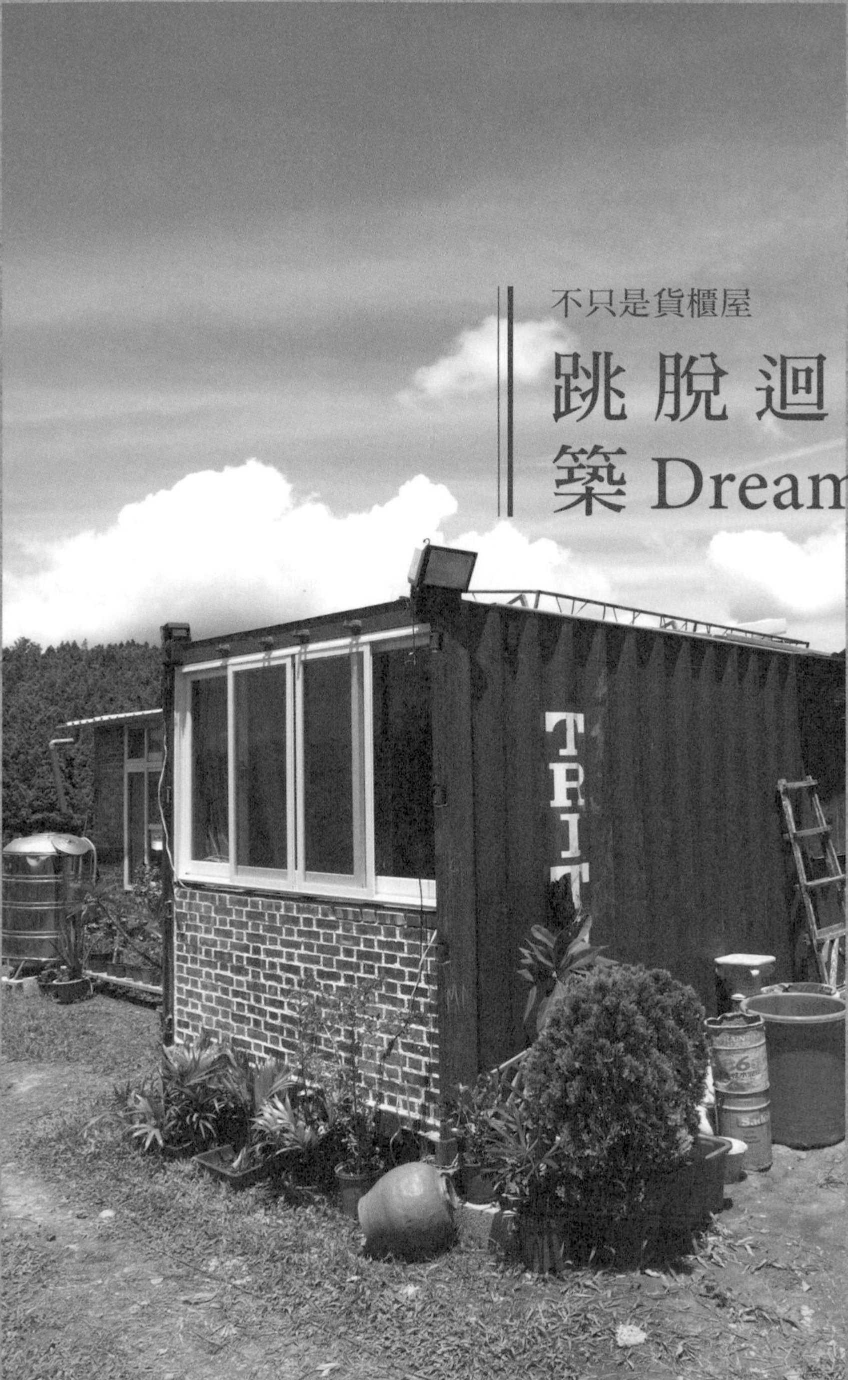

不只是貨櫃屋

跳脫迴圈
築 Dream Box

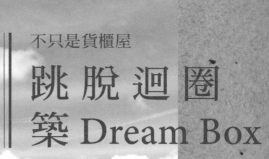

剛看到Julia和KH的家，一開始還理不出頭緒。有貨櫃、有曲線型的鐵皮屋頂、磚牆，後兩者一看就不是貨櫃屋的材質啊！那到底什麼是主結構？哪些範圍又是貨櫃空間？Julia和KH是怎麼交錯使用？走在其中猶如試圖破解詭異的空間謎題，滿是驚喜！

※ 本篇部分照片由受訪者提供，特此致謝。

family story

屋主 / KH 葉與 Julia
臉書 / 雲風箏＿自然手感露營農場
正式完工 / 2010 年春

取材時 2010 年 7 月 / 夫 44 歲、妻 39 歲、大兒子 11 歲、二兒子 8 歲、女兒 5 歲
開始看地 / 2005 年底～ 2007 年初
決定買下桃米雲風箏 / 2007 年 2 月
設計、財務計畫、蒐集資料 / 2006 ～ 2008 年
整地工程 / 2008 年 10 月
中古貨櫃屋進駐 / 2009 年 1 月
沙拉油桶地基 / 2009 年 4 月
室內裝潢 / 2009 年 5 月
完工入厝 / 目前完工 95%，主體已 OK，預計 2010 年底連同周邊露營區一併完成

house data

雲風箏
地點 / 南投縣埔里鎮
建坪 / 40 坪
建材 / 回收貨櫃＋輕鋼構＋舊木料

「一開始想法，也是把貨櫃排排站，擺成小時候外婆家的三合院，中間則是一整塊的水泥地。但是仔細想了想，這樣房間與房間的隔間是兩個貨櫃側板緊貼，一道牆等於有兩片側板，好像太多餘；而且貨櫃之間的間隙，因規格的關係，無法完全緊密靠攏，所以下雨時雨水就會從中間流下來，而細縫也容易成為蟲蛇棲息的地方。」Julia 用圖來解釋，「我和ＫＨ將需要的生活空間討論好，決定將貨櫃與貨櫃間留一段等寬的空地，然後再自己搭天花板並鋪上地板，自己施工的話，成本就跟安裝貨櫃差不多。」由於施工幾乎都是靠夫妻倆自己動手蓋，整個工期長達一年半！

貨櫃尺寸寬度都是八呎，但長度分為兩種：四十呎與二十呎，「我們買了四個四十呎的貨櫃，然後請工廠裁對半成八個，這樣費用比買八個二十呎的貨櫃還要便宜許多。除了費用考量外，我們本來就想要一間有大片開窗的房子，所以貨櫃兩端的鐵門其實有一面就不需要了。」隨著平面圖的調動，貨櫃也從原本裁切好的八個，降到實際使用四個，其餘的貨櫃分別當倉庫、客房等。所有中古貨櫃的成本，含裁切、運費及定位，總共約三十二萬元。

錯位取代排排站　空間更有趣

「一間二十呎貨櫃的坪數約四．三坪，而貨櫃與貨櫃間的留白寬度可以加寬靈活運用，像主臥就調整增加為五坪，再利用錯位取代排排站的方式，也可以再增加一些室內空間。」也因為不

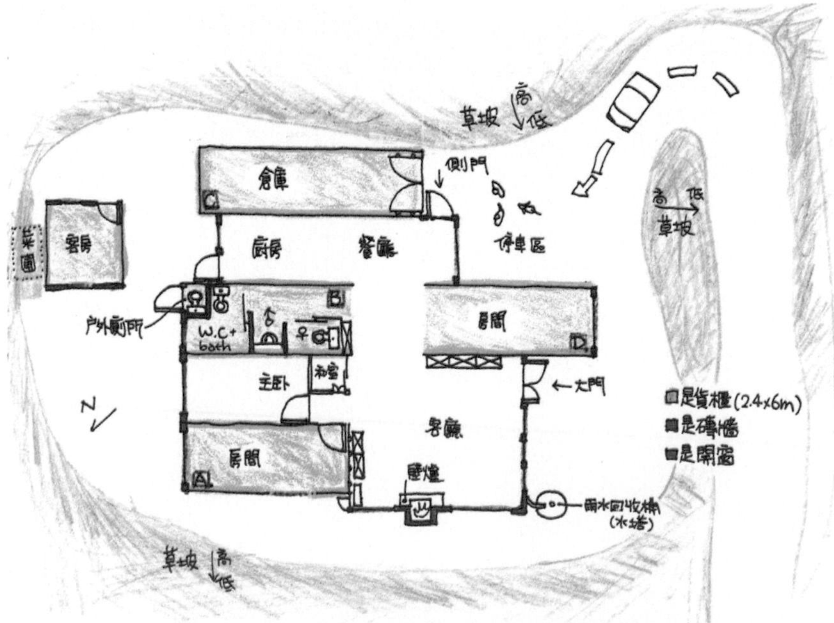

1｜房子蓋在土地北側的高處，由南側往房子看去，客廳煙囪讓房子顯得很有童話味，客廳左側是房間（貨櫃 A）。

2｜貨櫃 A 的外壁是所有貨櫃中唯一被上色的，土黃色搭配斑駁的窗邊鐵鏽，呈現難以抗拒的頹廢美。客廳與貨櫃的屋頂高差則成為採光與通風來源。

3｜JULIA 還特別規劃戶外廁所，以便客房（圖右）訪客使用。

是用貨櫃排排站的配置，空間顯得精采許多，貨櫃間的留白區域，天花板還可加入採光，在走道、廚房、客廳都有不同角度的採光進入，而原本裝設貨櫃門的兩端，則用窗戶與磚牆取代。

在一般人印象裡，貨櫃屋或鐵皮屋都有如烤箱般悶熱。在 Julia 家的基地並沒有大樹可遮住房子，但她卻沒裝冷氣。也許是山區的關係，正中午太陽直射在屋頂上，但室內空氣對流，加上電風扇，除了廚房煮飯時段外，Julia 家裡並不悶熱。「我們在天花板上鋪了一層隔熱岩棉，可以阻擋大部分的太陽輻射熱！將來房子周圍會種植喜愛的樹種，屋頂也會種一些生命力強的爬藤植物，除了將居所更融入山林之外，也可以再幫忙降低一些溫度。」

趁失業跳出上班族迴圈

在搬到山上之前，五年級的ＫＨ和六年級的 Julia，一位是繪圖設計師、一位是兒童美術老師的雙薪上班族。十年前兩人在台中市區貸款買了一間新成屋，ＫＨ往返於台北公司與台中住家之間，但前幾年金融風暴，ＫＨ的公司結束了台北部門，他也被迫失業。因為對於水泥叢林的都市與終日不離電腦的工作都已倦怠，於是拒絕了老闆安排他職的好意，也因為這樣，夫妻倆開始思考也許勇敢一點改變自己的人生吧！「危機就是轉機，我的童年記憶最美好溫馨的部分都在埔里這個鄉鎮，親戚也住這邊，我內心一直渴望可以回埔里生活。」

4｜磚牆與貨櫃的交接線以抹水泥及 3 分鋼筋焊住固定。

5｜進門的階梯則鋪上空心磚，未來會釘上南方松木地板平台。

6｜貨櫃 A 與客廳的交接刻意錯開一些，使客廳西向有小轉折的開窗，成為小朋友的絕佳觀測點。

7｜貨櫃的字樣與外殼原有顏色局部保留，貨櫃鐵門拆除，換成磚牆與開窗。

8｜客廳上方是斜屋頂，正好可以用來收集雨水，導入下方的水塔之中，目前雨水為唯一的家用水源。

9｜裁切剩餘的貨櫃，目前閒置在空地上，將來會做為露營區的休憩空間。

密集看地　謝絕農藥與檳榔園

他們在一、兩年內密集看地，在埔里周遭看過的地不下五十筆，只要附近有大片耕作區、有檳榔園的，一律不考慮；只要覺得還不錯的，他們都會特意選不同時間再次造訪，也會邀親友一同前往聽聽在地人的意見。「本來非常喜愛大坪頂那一帶的風景，第一次去的時候是春分的早晨，蘿蔔田裡翠綠的葉片猶如草地般柔軟，葡萄的老藤上滿是沾著露珠的嫩芽，還有最著名的百香果充滿著生命力向上攀爬著……一切一切都透露著鄉間的靜意與美好，我們也被深深吸引著。第二次挑了晴朗的午後，一推開車門，撲鼻而來的農藥味卻讓眾人匆匆離開。第三次讓我們歎為觀止的，則是蒼蠅滿天飛，幽默的表弟解釋說：『大部分的農民都會施用純天然的雞糞當肥料，大約只要一週就不臭了！』這個經驗對於正在覓地的我們來說，真的是上了非常重要的一課。另外，我們也不選擇種植檳榔的區域，很多人以為檳榔不用噴藥，其實檳榔噴的是藥效長達半年到一年的農藥，其毒性與一般的蔬果所使用的農藥有過之而無不及。」

「會買下桃米這塊地是緣分，仲介告訴我們不要太期待，但我們發現就是在我們時常拜訪的顏氏牧場旁約一甲多的土地，當時整個地區雲霧飄渺，漫步在一整片人造肖楠林時，可能是芬多精的關係吧，頓時有種身心放鬆的舒暢感，內心悄悄告訴自己，應該就是這塊地了！」臨走之前，不期而遇的莫氏樹蛙讓眾人驚

3　2

艷，也因為這個綠色小精靈促使 Julia 與KH下了決定。

只除施工區雜草　不整地

仲介之所以表示「不要太期待」，主要是因為這塊地的高差分為數段，甚至有一大塊地是下窪的小盆地，也就是不夠「平整」，下窪盆地若要「開發利用」，必須花上一大筆錢填土做駁坎，加上缺乏水源，買主來看都不喜歡。然而 Julia 與KH抱著「人與土地及其上之生物都是平等」的心態來看待這塊地，多變化的坡度地形，反而可以營造生物多樣性。下窪盆地是生態池的最佳地點，只要蓄水就是一處讓孩子觀察自然生態的寶地，經由水生植物的栽種，更能分解處理家庭廢水。除了車子進來的道路部分，其他幾乎維持原有坡度。而結構體選用貨櫃，則根本就不需要地基，因貨櫃本身就是方形結構體，「原本我們也覺得要做貨櫃地基，後來多方研究後，發現只要土地是堅實的其實沒有必要。但

1｜室內電線還在整合中，電箱暫時暴露在戶外，下雨時經過還是會怕怕的。

2｜站在屋頂上看，紅色部分為貨櫃屋頂、白色為 KH 自己搭的鐵皮浪板屋頂。兩種屋頂之間的細縫，以很厚的矽利康收邊，螺絲也是，要定期檢查是否龜裂，以免水氣滲入。

3｜若女兒小蝶是白雪公主，那麼 JULIA 與 KH 就是呵護著她的小矮人。

4｜2012 年，東側貨櫃已經裝上舊料窗戶。

5｜這間獨立的小貨櫃屋，位於主屋廚房旁，用來當客房，其實根本就是 KH 老友 TONY 的專屬房間，旁邊的菜園也由 TONY 太太照顧，有川七、茄子、韭菜、小黃瓜，很快就可以收成。

5

4

1｜七月大晴天中午，站在戶外時汗水如雨下，但客廳裡只靠電扇卻不覺得悶熱。當 KH 的友人龐先生與阿亮聊得正開心時，TONY 的兒子正在壁爐旁玩升火，不消幾分鐘就起了大火，光用看的就覺得好熱，坐在旁邊的阿亮與龐先生卻無動於衷。

2｜客廳上方的開窗，提供了熱氣流流出的出口，因為方向在西側，直到五點多，夕陽的光線還是照得進來，直到太陽下山才需要開燈。

若考量到蟲蛇會在貨櫃下當房客，就要抬高貨櫃離地高度二十公分以上，最快又方便的做法是用空心磚當支撐，再把貨櫃屋放在上面即可。」

回收沙拉油桶與廣告招牌　當地基

至於貨櫃間的空地及客廳，上面用C型鋼及波浪板當屋頂，地板想貼磁磚因此採用灌漿。「三千磅的混凝土當時市價是每立方公尺二千二百元，如果以施工方便為考量，整個平面用模板將外圍封住，中間像個水池，直接用混凝土灌滿即可。這種做法大約要用掉四十五立方公尺的混凝土，費用約十萬。但後來從事營造工程的表哥建議：「只要以田字型工法即可，中間部分可以用沙拉油桶取代，支撐的效果還是一樣，有點像是連續基礎那樣。」他們開始到資源回收場及自助餐店回收沙拉油桶，一個桶子七、八元，他們省下三分之二的量，最後混凝土只用了十四立方公尺。

會選擇以中古貨櫃當結構體、回收沙拉油桶當地基、老屋拆下的廢料當主要建材，除了預算考量，其實也是夫妻倆原本生活習慣的延伸，他們一直就很珍惜資源。剛買下這塊地時，Julia的表妹正好有貨櫃屋不知如何處理，於是就先運到基地當暫住之處，沒想到還挺舒適的，所以才會在日後興起購買二手貨櫃當住家的想法。「對我們來說，愛惜物品及資源回收再利用，並不用特意養成，主要並不是因為接觸到全球資源匱乏之類的訊息，而是小

時候在外婆家的生活經驗。」

從地基到屋頂　幾乎都自己來

整個蓋房子過程有超過一半工程是ＫＨ及Julia自己處理，包括用怪手清除工地的雜草、沙拉油桶地基、屋頂工程和室內裝潢及衛浴磁磚等，「因為連地板的水平都是自己抓的，完工後放一顆彈珠在地板上還會滾動喔！這表示沒有完全水平，不過走在其中倒也沒什麼感覺。」的確，要是不說，也沒意識到地板微微傾斜呢！「其實這一年半的過程真的很辛苦！但是父母、兄弟姐妹和小姑們的全力支持，總覺得我們是幸福的，在追求夢想的路上，不管會遇到什麼挫折，想起他們就是前進最大的動力！」

3｜為區隔客廳與房間，小蝶身後的貨櫃A，其貨櫃門被保留當作隔間，房門改從側邊進出。

4｜只要有磁鐵，家裡隨處都可貼上小蝶的繪畫作品，因為很多牆都是鐵製的。

5｜房子旁有一整片野生的三腳督仔（瓦氏鳳尾蕨），口感類似過貓，KH採了一大把，當成中餐菜色之一。

6｜廚房餐廳的天花板是由特別訂做的弧形C型鋼搭成，JULIA想在此營造活潑溫馨的氣氛。北側開了橫向採光，陽光照在貨櫃波浪狀側板上，塑造出非常棒的光影效果。

7｜用完中飯後，趁主人不在，貓咪LUCKY跳上桌瞪著菜罩裡的魚。

8｜冰箱側面貼了三張圖，第一張是KH與至今都還有聯絡的高中死黨，其中一位是TONY，另有一位是提供KH廢棄招牌當建材的同學。第二、三張，則是TONY幫KH描繪出雲風箏未來的露營區及大樹環繞的生態池。

全家用水來源——雨水

土地上沒有水源，目前家庭及灌溉用水皆來自雨水。「雨水是上天送給大地的禮物，只要你留得住就是你的，為什麼不要呢？」蒐集多方經驗之後，覺得與其花上百萬鑿一口深井，抽水還要使用動力用電；或是花幾十萬接管線抽取山泉水，經常要去巡視源頭是否通暢，還要面對可能電纜被剪、馬達被偷的狀況，不如將錢花在蓄水池和水塔上，只要蓄水量可以達到四個月用水安全期，老天爺不降雨也不擔心。

「山上雨水比較不會有酸雨的問題，我們拿雨水去化驗，純淨度是三，和山泉水比起來，雖不富含礦物元素，但也沒有微生物、寄生蟲卵或雜質的問題。」KH說：「唯一不需要電力取得的水，就是雨水。雨水不但容易蒐集，也是響應減碳的體現，很多人在山上蓋了別墅，屋頂的水經由集水管流至地面卻放流掉，真的很可惜！我跟很多人分享，其實只要將集水管的雨水集中到水塔裡就好了。若要更放心，則可以視需求加裝過濾系統或淨水設備。」

學習與「原住民」和平共處

搬進去後，他們努力調整對「原住民」的態度，「原住民」指的是原本住在這塊土地上的各種昆蟲與動物，包括蛇。「第一

1

2

3

次看到蛇在房子裡面出現，是一隻小蛇，因為孩子們也在旁邊，基於一種保護親子的本能，KH驚聲尖叫，順手拿起鏟子把蛇打扁丟掉……事後，孩子們很含蓄地跟爸爸說，雖然知道爸爸是想保護他們，但下次看到蛇可不可以放了牠？」Julia說，「我試著教導孩子尊重每個生命，後來我們在屋子裡看到蛇，就腳步輕緩地拿網子把牠網住，然後再放到遠一點的森林。畢竟蛇本來就住在這裡，我們是後來到的，不能把人家趕盡殺絕啊！」

「我們的家『雲風箏』選擇埔里鎮，除了四季如春的氣候、景色宜人的環境、單純樸實的人情，更重要的是有著主人濃濃的回憶。那些在遙遠年代所留下的痕跡，雖然是片段的，卻是心中最單純、最快樂的童年……而我們循著這些軌跡，建造了自己夢

1 | 窗台種了一排蜜源植物馬利筋，吸引多種蝴蝶在窗前採蜜。

2 | 自行拼貼出木片及回收玻璃瓶的手工裝飾牆。

3 | 衛浴包括男用小便斗室、女用廁所及淋浴泡澡間。

4 | 兒子將跑到家裡的竹節蟲，放在身上當裝飾品。

5 | 女兒小蝶全程參與蓋屋過程，她正在把狗狗波波從模特兒變成沙雕。

6 | 兩隻漂亮的狗狗：土狗波波跟 HAPPY，與貓咪 LUCKY 和平相處。

7 | 直到下午三點多，午後雷陣雨終於將悶熱感帶走，在房子裡還可以看到窗外山巒上的雲瀑！

8 | 房子周圍都是十分健康肥沃的土壤，甚至可發現肥嘟嘟的雞母蟲，也就是鍬形蟲和獨角仙這類甲蟲的幼蟲，負責消化土壤中的腐植質。

7

5

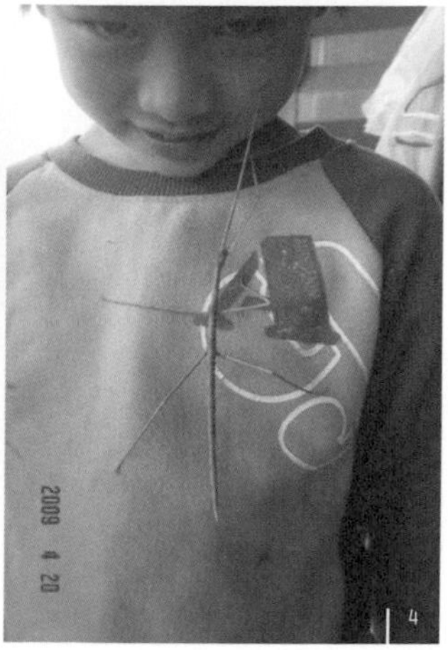

4

8

6

想中的家園。」Julia說，「踩著薄霧、等著晨光，悠閒地漫步在青山綠地和花園之間；即使只是呼吸，都能享受身心靈絕對的沉浸與釋放，對於終日生活在水泥叢林裡的人們來說，幾乎可說是遙不可及的奢求。但是我們希望將這些如夢幻般的美好一一呈現，用雙手殷實地堆砌一磚一瓦、栽植一草一木，用謙卑及寬闊的心愛護大自然的萬事萬物！」

依照他們目前的狀況，是所謂的「吃老本」階段，主要的收入來源是台中市房屋出租的微薄租金，兩個上學的孩子也寄住在市區阿公阿嬤家，開銷並沒有想像中大。將來，他們計畫在維護環境現狀的前提下，設置露營平台，提供親子露營區，分享自家土地上的每一份生態驚喜。相信夫妻倆在親朋好友們幫忙與祝福之下，加上對土地的尊重與珍惜，這些理想都會一一實踐，從而啟發更多的訪客！

客廳大門是由右扇老門片跟左扇新做的小門片組成，老門有著早期的格子玻璃。

42G1
2,6m
8'6"

13

刻意在餐廳屋頂朝北的方向開天井，太陽不會直射、卻會有採光進來。

14

所有的對外部分，開始堆砌 8 吋磚牆，因磚牆必須堅固安全，這部分的工程就請泥作工班來處理。圖中由右至左為貨櫃 A、臥室及衛浴使用的貨櫃 B。

15

衛浴的管線，也在搭蓋磚牆時一併鋪設，可以減低在貨櫃上鑽孔的機率。

16

遇到莫拉克颱風，一家人的帳篷從客廳移到主臥。

17

客廳屋頂才剛完工不久，就被莫拉克颱風掀歪，調整好之後開始立柱，中軸是一根 8 分鋼筋，再與屋頂的橫向 C 型鋼相接。

18

在客廳打造一個壁爐，是 Julia 的心願。利用內外高差，搭出拱型的室外進氣口，待水泥乾掉後，再把暫時支撐用的磚塊拿走。火苗及熱氣流會碰到的部分，全都使用耐火磚。

19

大面開窗的上框都用 C 型鋼強化，以策安全。

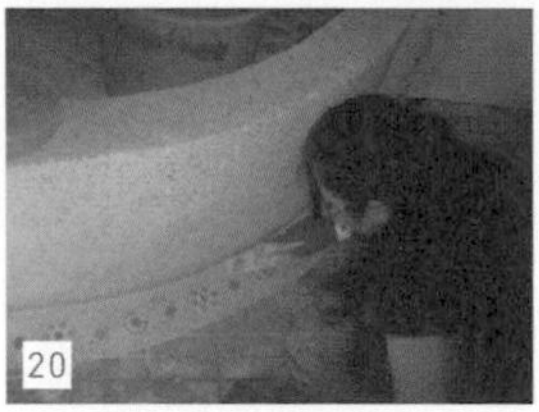

20

開始室內裝潢，KH 負責釘壁板（矽酸鈣板）、天花板鋪隔熱岩綿；Julia 負責磁磚與馬賽克拼貼，也不落人後釘天花板！

21

小朋友幫忙給牆壁上油漆！

22

臥室還沒做好之前，白天小朋友在客廳寫功課，晚上全家在客廳搭帳篷。

23

接近完工！利用撿到的老門片和木料，臨時起意幫小朋友釘一個遊戲室兼小和室。

整地與施工紀實

1

Julia 與 KH 的地，範圍包括從照片中的高處到照片遠處的肖楠林。而房子蓋在照片最前方高處的野草區。

2

土地在剛買下時，除了肖楠林之外，其餘都還在野草階段，連灌木跟相思樹都沒有，於是先種下幾株本地喬木樹苗。

3

2008 年剛買下這塊地時，剛好親戚有一個閒置貨櫃，Julia 以低價購得之後做為施工期間的棲身處，朋友來訪時則搭帳篷於一旁。住一陣子後發現貨櫃在預算、舒適性及安全方面都符合自身要求，才會決定以貨櫃做為住家的結構主體。

4

怪手將要蓋房子的區域的雜草區表土加以翻攪，以利日後施工，不過並沒有破壞土地原有的階段高差。

5

根據自己繪製的平面圖，在現場自行放樣拉線。

6

將 40 呎貨櫃裁切對半後運到現場，放到預先設好的地基上。

7

老三小蝶在搬貨櫃時，現場全程監工。當時是 2009 年 1 月。

8

貨櫃 A 與貨櫃 B 之間的空間做為臥室，由 KH 自行焊接 C 型鋼當作抬升的地板，並使用鐵皮波浪板當屋頂。

9

臥室的門口接著客廳，客廳的屋頂與貨櫃頂有個單斜高差，做為採光窗，也是由 KH 親自架設完成。

10

貨櫃 B 與貨櫃 C 之間的空間是廚房及餐廳，向鐵工廠訂做彎曲的 C 型鋼，彎曲的弧度比例由 Julia 繪製。

11

從屋頂看，紅色的部份就是貨櫃的頂部，白色則是貨櫃與貨櫃之間的空間、由 KH 自行焊接的波浪板屋頂，單斜採光窗處為客廳的屋頂、前方彎曲的屋頂則是餐廳廚房的部分。

12

接著，客廳與餐廳的部分要蓋地基，為了節省水泥，地基有一部分用沙拉油桶增加支撐性、地板底部則用回收的廣告招牌板。

回收沙拉油桶當地基

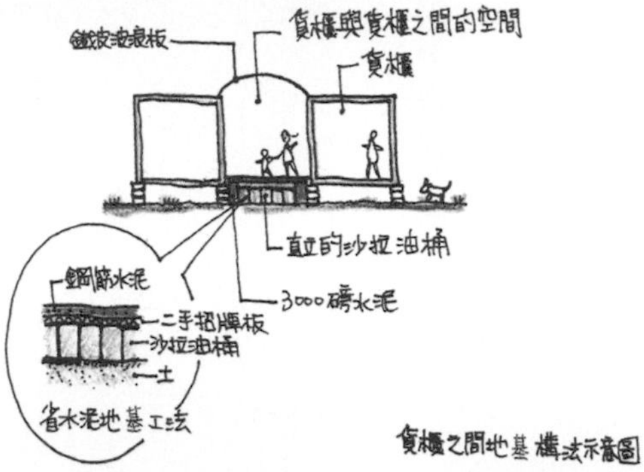

為了節省水泥的費用，以沙拉油桶混用水泥灌漿，同時達到抬升地面到與兩側的貨櫃地板同高的效果。

1

客廳空間（貨櫃前方空屋頂的區域）需要架高的地板，以便與後方的貨櫃高度吻合。

2

先拉線，然後沙拉油桶順著線排列整齊。沙拉油桶必須直立，才具有支撐性，若將沙拉油桶側躺則很容易就凹陷變形。

3

把回收板材釘在每一個沙拉油桶上，這樣灌漿時桶子比較不會走位。

4

KH 的同學開設廣告招牌公司，常有很多拆回來不要的舊招牌，拿來鋪在沙拉油桶上，交錯鋪兩層，當成地板。

5

同樣的方法，也用在貨櫃 B 與貨櫃 C 之間的餐廳。連舊門片都可以拿來當地板的底層。圖中的 C 型鋼，KH 說其實沒有必要，不過想到可用沙拉油桶地基工法時，已經都焊接好了。

6

Julia 架設模板、KH 鋪設鋼筋，準備灌漿的前置作業。

7

灌漿當日，KH 與工班一起把水泥攤平，大功告成！

選購中古貨櫃要訣

據 Julia 表示，中古貨櫃的等級大致分為高、中、低，高等級的貨櫃保持完好；中級則可能有些部分有撞到、小區塊的凹陷；最低等級的則常有嚴重生鏽或結構不安全的狀況。若要長期居住，最好選擇中級或者高級，她自己則因預算有限，選擇中級的。再者，要仔細檢查貨櫃內外，不要接受鏽蝕嚴重的貨櫃。訂購時貨櫃廠商都會詢問要否代為噴漆，最好不要接受，以免失去判斷的標準。

蓋屋預算表

項目	費用（元）	細項說明
整地	45,000	除草及地形整理
中古貨櫃	328,000	含切櫃費、吊車及拖板車運費
鐵皮屋	35,000	含鐵皮浪板及 C 型鋼
地基	39,000	含沙拉油桶、點焊鋼絲網、鋼筋及混凝土
水電（化糞池）	18,000	
水電（水塔）	80,000	含 60 噸水塔＋ PE 黑管材料
水電配置	70,000	含申請農電及室內外管線配置
鋁門窗	55,000	玻璃自備
泥作	208,000	含 8” 磚牆、貼磁磚、洗石子、壁爐
木作	112,000	室內裝潢、門窗、木地板、戶外南方松
電動工具	40,000	
其他	25,000	油漆、五金零件、工具耗材及維修
總價	1,055,000	

專家、工班、建材行口碑推薦

久大鋁門窗	陳善謙（南投縣）
推薦語	價格平實、物美價廉。
聯　絡	049-2987164、0931-134703

老屋綠改造

用功的屋主
發光的工班

簡直像是把透天改造當成益智遊戲在玩的阿立先生，以打造綠房子為宗旨，邊看展覽邊參與實作、與工班一起參與施工、還分享人力資源管理知識給工班。長達十個月的施工期，歷經三個強颱，持續討論與分享、添加新構想……完工後，屋主與工班已經情同患難兄弟，房子的各個角落，可以看出屋主的創意設計，這是有做過功課的房子！

※ 本篇部分照片由受訪者提供，特此致謝。

family story

屋主 / 阿立 & 小蘿

取材時 2010 年 3 ～ 8 月 / 阿立 60 歲、小蘿 55 歲
買下此連棟透天老屋 / 2009 年 7 月
局部改造 / 2009 年 8 月
決定全部拆除 / 2009 年 8 月
假支撐 / 2009 年 9 月初
地樑綁筋灌漿、拆除剩餘樓板 / 2009 年 9 月中旬
第二批鋼骨真結構進場 / 2009 年 10 月底
電梯主機骨軸進場 / 2009 年 12 月上旬
頂樓小木屋 / 2009 年 12 月上旬～ 2010 年 4 月底
完工入厝 / 2010 年 7 月

house data

地點 / 台北市芝山岩
地坪 / 25 坪
建坪 / 50 坪
建材 / 鋼構、鋼筋、混凝土、木構屋頂

今年八月，阿立與小蘿的家完工、辦入厝宴時，他邀請的對象，是所有參與工程的工班和合作廠商。

「像阿立這樣的屋主，就算你做過五千間，也說不定遇不到！我做過五百位以上屋主的家，就屬阿立最棒，他一開始讓人又愛又恨，最後則是讓整個工班都競相想要把自己最棒的技術表現出來，大家都變得像一家人似的。」木構工程師傅洪先生說。

鐵工師傅量伯自動幫忙設計二樓陽台的百葉窗軌道；即使小蘿說可以了，油漆工班仍堅持上了十二道漆才滿意；即使工程已經結束，事後只要一聽到阿立家需要維修，工班們還是二話不說立刻排時間去。「阿立先生非常認真，他在工程期間，不斷閱讀相關書籍、逛展覽，只要想到什麼，他都會想要嘗試。」室內設計師小王說。不過若要我來形容阿立，他就像是有強烈求知慾的過動兒，吸收大量住宅知識，還躍躍欲試用在自己的房子裡。

翻開阿立書櫃上的住宅書籍，大概四十多本，從看漫畫學鋼骨建築、自然通風綠建築到居家風格佈置、老年人住宅規劃等，隨便一翻都有他劃線的重點和便利貼，當看到阿立在《蓋綠色的房子》上面畫了螢光筆甚至旁邊還有註解時，實在揪感心。

阿立去年買下這間老房子，一開始委託小王，只是單純想要把買來的連棟老透天局部拆改，以室內裝修部分居多。然而五十三年歷史的房子，樓梯早已潰爛、公用牆滲水嚴重，屋頂的底板也發霉了，樑柱的鋼筋鏽蝕外露、危及支撐與結構的功能，整體改造起來，不再只是單純的室內設計。「其實買下這間房子

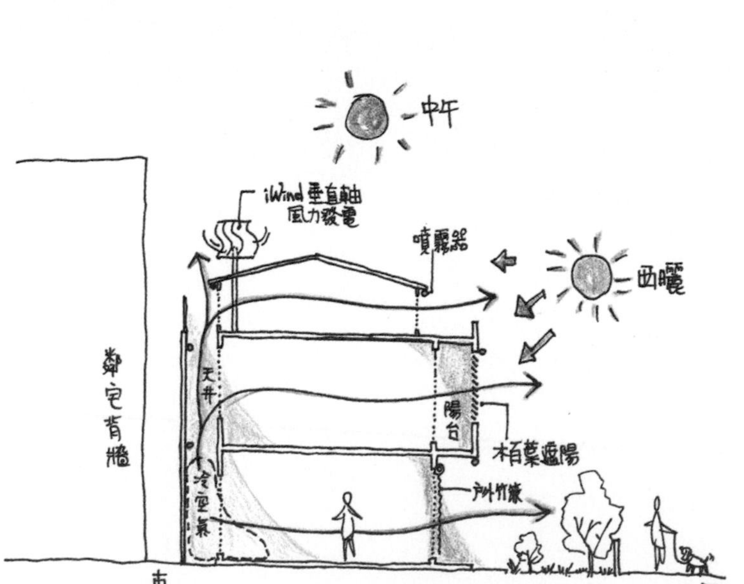

天井製造溫差產生對流及通風立面示意圖

要改造，對我而言是十分興奮的，很有挑戰性啊，我跟小蘿常去逛節能環保的展覽，很想嘗試雨水回收、風力發電、通風井等與住宅相關的新想法！」阿立說。

「這已經從室內變成建築和結構體規劃，超乎我的能力範圍，覺得還是跟阿立婉拒較妥。沒想到阿立竟然很誠懇對我說，『沒關係，可以請教的人多的是，我們來努力看看，就當做一次嘗試吧！』看他對我如此信任，當時幾乎都要掉下眼淚，回家和太太討論、評估，覺得這是一次很難得的學習機會，決定接下。」

阿立與小王相互討論、請教了一些建築同業，一個月內就有初步定案。除了房子兩側公牆外，每個樓層的隔牆與樓梯都拆光了，同時還要用鋼骨來取代原有樑柱的支撐。正進行拆除工程時，阿立的友人楊姓結構技師來看，提出一個建議：「既然都拆光了、而且都有鋼骨支撐了，老舊樓板為何不也拆除呢？省得日後還要

1｜2013 年，阿立讓工研院的朋友們組團參觀，透過解說詳細瞭解屋內的節能綠色設計。

2｜至 2015 年，前院的柳樹已經長得快跟房子一樣高、二樓的木百葉窗右側爬滿百香果，右邊鄰居也樂著引枝條過去，連著三戶，不但可以幫忙遮西曬、也可以採收果實。

3｜木構師傅洪先生施作的可愛遮雨棚，沿途也設計了噴霧，打開的時候走在霧氣之中會起童心。

4｜圍牆外面的裝飾也不馬虎，抿石子牆面的石頭各自有不同的精采顏色，將阿立的豐富想像力化為實體。開孔的圍牆也有局部通風的效果。

1

2

擔心樓板的承重和漏水問題。」經過再三討論，佐以鋼骨結構圖精算，小蘿終於同意拉高預算，房子從局部變成全面改造。然而因為房子是連棟，如果不按周全步驟進行，貿然把房子拆了，兩側的房子會因慣性往空地傾倒，易生危險，因此在安裝鋼骨結構之前，需用假支撐去抵住兩邊的牆，以策安全。而屋頂拆掉的樑柱，是上好的柳桉實木；一樓地板在整理時，也挖出上百顆用來墊地基的卵石，這些阿立都捨不得丟，於是轉送給需要的朋友。

「阿立常有新點子，我們為此討論要怎麼做，討論到半夜是常有的事。」小王說，「隔天到工地，只要看到阿立與小蘿皺著眉頭來找我，就知道他們又有新的主意，哈哈哈……」當我在看

3

阿立的工程紀錄時，常會有重做的部分，例如磁磚不滿意、後來決定要牽管線、扶手要降低等要求，難道工班不會不耐煩嗎？

「這就是讓我們有點頭痛的地方，阿立先生點子太多，但是他是真誠要求你改、不是故意找麻煩，你真的拿他沒輒。」木構工班洪先生是個典型脾氣硬的好木匠，認真、但堅持己見，他也因為遇到阿立而開始試著調整與屋主之間的互動。

換成別的屋主這樣改東改西的，工班可能早就不幹了；又或者，如果今天屋主對工班凡事都讓步牽就，則很多屋主想要的創意，可能工班覺得不可行就遭否決。而阿立的厲害之處，就在於他能夠禮貌堅持自己想要的東西、笑臉對著工班要求重做，工班卻連火氣都冒不上來，這是怎麼辦到的？

得到的答案，也是阿立與其他屋主最大的差別——「以身作則」，讓阿立獲得了工班的尊重與信任。舉例說，在施工過程中，一開始，現場多少會有飲料罐、菸蒂與檳榔渣，還有散落一地的工具和零件，這是常見的工地景象。阿立看到也沒多說什麼，只是拿起掃把掃掉垃圾倒進垃圾桶，然後再把零件和工具整理好擺放妥當。工班們看到業主親自掃地、整理，通常會不好意思同時制止，多次之後，習慣漸漸養成。當東西收得整齊乾淨時，要找零件或工具就十分容易，也可以增加工作效率。

「此外，為了避免樓上灰塵飄到左鄰右舍，我們也會用帆布先將鄰居的陽台及接縫的牆面全部遮住，待做防水時，一併將接縫處也一起重新做一次防水。我們希望這樣可以做到敦親睦鄰。」

1｜前院為阿立和小蘿的香草花園，其澆灌水源來自雨水回收，右邊的黃色水箱就是雨水儲存桶。

2｜二樓陽台的木百葉木片十分厚實，其懸吊式鐵軌道都是木工與鐵工在現場討論做成，可以有效阻擋強烈的西晒熱。

3｜唯失算的是，空調主機裝在西側陽台，友人拜訪偶爾會打開空調，卻被說空調不夠涼，檢查之下才發現熱氣剛好被木百葉擋住，於是在上方裝設抽風扇，每當開空調時，也要同時啟動抽風扇。

「尊重並堅持」是另外一項關鍵。阿立點子特別多，一開始工班通常會以「從沒有人這樣做」直接否決，這時阿立會提出不同的執行方案，「那如果繞過去呢？如果焊成斜的呢？如果把平面改成墩呢？」他會不停地與設計師及工班討論、吸取意見，如果從工班身上嗅到一點可行的機會，就會努力說服工班試試看。

「幾乎每天都有小功課，偶爾會有大挑戰，例如哪裡要補強、哪裡要改、哪裡要再焊、哪裡漏水……」每天都會到現場監工的小王說，「他通常會寫在紙條上，有時會畫圖，讓大家清楚今天的任務。這樣將近一年下來，我已經蒐集了一千零五十條包括提醒、提議、建議、修改的MEMO了。」真是驚人的數字啊！

但是阿立總是抱持著開放心胸，不吝讚美每一位工班，木工師傅張先生用線鋸徒手開了圓形的洞、水電師傅小高在牆上鑿出精巧的水電管線、木構之巧思木樓梯、防水阿山對水線極高的敏感度，都被阿立視為精采絕倫的佳作。

「我覺得阿立先生是發自內心尊重工班的，因為一般人總認為，工班是勞動階級、受的教育比較低，在施工時赤裸或講話比較直接，看待工班的表情與言行就會不知不覺流露出輕蔑的態度。可是，工班是用勞力換取金錢，人家是腳踏實地在做，根本不輸給敲鍵盤的白領階級。阿立時常就直接坐在地上與工班一起吃便當，邊吃邊聊，也會適時提供關心與建議，而工班們也把阿立當成家中長輩一樣尊重。」當阿立家的工程即將結束時，大家都有點捨不得離開，「我們很重感情的木工甚至還流淚了，他自己也

1｜位於房子最深處的天井是房子最涼的地方，可以透過窗戶與每個樓層的房間空氣對流。牆面並附有噴霧及灑水系統達到降溫效果。每層樓都有網狀格板，可供維修時使用。

2｜看起來很正常的餐桌，其實底部和桌面都有開洞埋入抽風管線與插電，可以直接在桌上烤肉、吃火鍋。左側為天井，使餐廳成為室內最涼爽的區域。

1

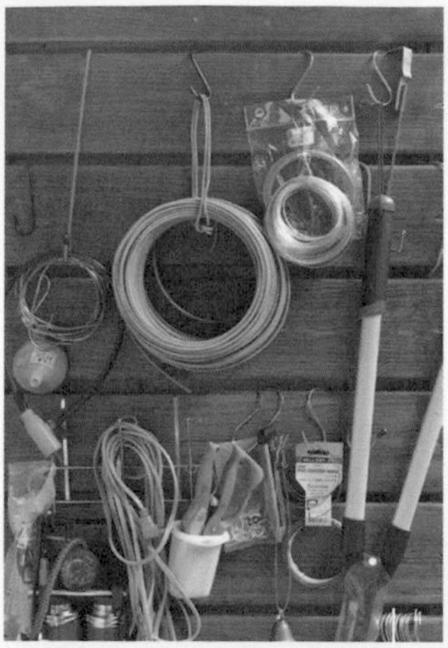

3

1

2

覺得奇怪，怎麼有一種好像要離開家的感覺。」因此，即使完工了，只要阿立家要維修，大家也會在最短時間內趕過去。

阿立印了一篇周啟東先生所寫的文章〈堅持完美——藍領師傅工作接不完〉給我，這篇文章在網路上廣為流傳，主要強調不論是什麼領，只要認真、有態度與想法，都會是那個行業的搶手對象，而阿立希望今天和他合作的每一位工班，未來都會是搶手的藍領師傅。

已經退休的阿立，偶爾也會參與施工，工班也都習慣了。有一次他照例在一旁默默施打矽利康、幫縫隙加強防水，穿著襯衫短褲拖鞋，正好新的工種來交接，就站在阿立旁邊與設計師小王討論到其中一項細節，小王說：「這個部分我可能要問屋主，你等一下……」於是就轉頭與蹲在一旁抹牆的阿立討論，新來工班立刻跟阿立說：「哎呀歹勢，我不知道您就是屋主先生，你好你好……」

工程之所以會從去年九月到今年八月初才完工，除了阿立不斷有新點子外，也跟連續來了三個颱風有關。在屋頂尚未蓋好之前，一律用帆布遮蓋，導致颱風帶來的雨水直接就滲漏進去，造成地板很難乾燥、電梯的基部積水等狀況，因此阿立決定在電梯底部再埋設一條排水管，避免相同的狀況再度發生。不過也因為在施工過程就下過幾場大雨，未雨綢繆，避免將來陽台、屋頂及部分交接面出現漏水狀況，藉此趁施工時再補強防水，省得裝潢好之後還要拆掉找漏水源，那就更麻煩了。

1｜客廳大窗右側有百葉窗，可以讓空氣從側邊進入。透過阿立兒子的親自安裝佈線，客廳、餐廳的液晶螢幕都與阿立桌上的手提電腦相連，電腦上的資料可以透過投影功能，用大螢幕看得更清楚。

2｜廚房廚具及櫥櫃早在施工階段選好，不過使用至今到2014年的心得是，覺得櫥櫃太多了、太多的收納空間，反而食材容易存放到過期。如果可以重新選擇，小蘿不會再安裝上櫃。

3｜長輩的浴室長寬大於 1.6×1.5 公尺，出入口的高差低於兩公分，足夠輪椅移動。

4｜遮雨棚旁邊用南方松釘了一面可以掛工具的木牆。

1

2

完工後，由於天井及前院採光的關係，白天基本上不需要開燈。不過阿立與小王討論，也許應該把房子的四個角落都裝上風力發電。風發電所產生的電力，主要用於整間房子的照明，阿立事前已經挑好照明效率較高的ＬＥＤ燈，因此從客廳到臥室，除了主燈之外，間接照明、點狀照明及壁燈部分，都是ＬＥＤ燈。

「為什麼？不擔心房子會飛起來嗎？」我說了一個冷笑話。

「因為這種垂直軸的風力發電，二十四小時都在轉，也就是說二十四小時都能透過風力來發電，真的很有發電效率啊。如果我多裝幾根，說不定連冰箱用電都可以靠它們了喔！」

我們特別跑去頂樓看，附近高樓有人裝水平軸（像風車那樣）的風力發電扇，當時現場沒有風，即使它比阿立的屋頂還要高出好幾層樓，但它仍然停下不轉；而阿立屋頂上的垂直軸風扇還很輕巧地不停轉動。

「這個國產風力發電葉片設計很精巧，捕捉了三百六十度的空氣流動。當時從找到這台風力發電到安裝的過程都很有趣。」阿立說，「那時候我們去世貿看綠色產品展覽，展場是以外銷為主。當我看到這家風力發電時，跟小蘿都覺得很有趣，於是跟銷售人員要了張光碟回來看，看了之後都覺得就是它了，致電給該公司，他們說很抱歉，因為國內需求不高，雖然產品是台灣製造，但目前只供外銷。於是我就懇請小王代我去桃園走一趟，表達我們的誠意。」應該就是經過國道一號桃園交流道時，就會看到四根垂直軸風力發電扇豎立在平坦屋頂上的廠房。

1 | 風力電扇的支撐桿，是立在頂樓的控制室角落，用自行切割的 H 型鋼斜架在直角處，不過支撐桿在腰高處還有另外兩點支撐，並沒有晃動的危險問題。

2 | 屋頂上裝有 300W 風力發電、真空太陽能熱水器及太陽能板。

3 | 在感受不到風吹的中午，阿立屋頂上的垂直軸風扇還是在轉動。

3

「抵達那家公司時，大家似乎都很忙，只有一位老伯伯剛巧路過，當時我沒想太多，只是點頭致意，繼續找其他職員。沒想到老伯伯開口問我有什麼事？我就把來龍去脈跟他說一次。沒想到他隨手就招一名職員過來，要他請經理對我做簡報，後來我才知道那位是董事長！」後來該公司派人來阿立家現場查看，看到通風井、噴霧系統與雨水回收等，很驚訝發現阿立是玩真的，一間民宅願意以一己之力，對環境盡一份心力，讓這家專做外銷與大型廠房的公司頗為感動，「原本他們表明把產品賣給我們後，自己得想辦法安裝。來看了後，給了許多建議，而且還派三、四名工程人員來現場幫忙組裝拉線，我們也很感激他們。」就這樣，意外構思的三百瓦垂直軸風力發電就在眾人協力下順利達成。

最近拜訪阿立，是在八月中旬。那時中午剛過，外面很熱，但走進室內後卻有走進冷氣房那樣的錯覺！還一度張望是不是開了空調。只要阿立或小蘿覺得熱，他們就開啟噴霧系統幾分鐘，噴霧系統分成房子前段或後段，有噴霧的地方，水氣在蒸散的時候會順道帶走熱氣，形成的溫差也會造成空氣對流，通風井和樓梯間都是空氣對流的動線。「不過我後來發現最內側東北向天井區的噴霧系統效果最好，因為它不會受到外力的風或溫度所影響，經過測試，天井區是全室溫度最低的區域。」

最初設計就考慮到無障礙動線與老人照護機能。室內會裝電梯，除了為將來自己行動便利外，也讓小蘿年歲已高坐輪椅的母親方便行動。小蘿的母親將來會住到二樓長輩房，裡面的動線、床頭櫃緊急召喚鈴及保全求援按鈕、衛浴也都是輪椅可以迴轉的尺度。唯臥房正好面臨西南側，也就是西晒最直接的地方，阿立在陽台處，請鐵工及木工分別做出軌道及木百葉，厚實的南方松可以將陽光的輻射熱擋住一大部分，但是風與光線還是可以透過細縫進來，加上二樓也有兩個噴霧系統、牆面也貼上輕質的發泡氣孔磚，經過阿立用電子溫度計量測，當室外是三十六度C的時

1

2

候，室內可以降至二十九至三十度C，同時搭配通風降低濕度，也不會有悶濕感，可以減少小蘿母親因空調使用時間，所造成的乾癢酸。

現在，將近一年的工程終於劃上完美句點，小王因為阿立的家，也接下附近鄰居的幾間改造工程，有的鄰居甚至要求要把阿立家的 idea 全都搬到他們家使用。因此，小王與工班們仍舊時常進出阿立家。即使是完工了，阿立與小王仍勤快討論各種可能性，「我把這間房子打一百分，也就是滿分！不過還是有加分的空間，譬如我們可以把強制排氣再加上進氣的功能；風力發電可以再多裝幾根；屋頂的屋脊部分可以讓它有高低差或氣塔或氣勺或老虎窗，使熱氣直接從最高處排出；一樓客廳大景觀窗應堅持最早理念加上天地兩處氣窗……」現場，兩人又開始陷入漫長討論，我想，這樣的精神與態度，就是這次工程最棒的部分之一吧！

1｜為了避免滲水、也考慮到將來可能種植物，頂樓陽台木地板下方的水泥地板上有先做斷根布施工。

2｜更衣室裡的層板，依照小蘿之前就買好的收納籃以及習慣的摺疊方式，來決定尺寸，將空間用得恰到好處。

3｜同樣被阿立設定為通風管道的樓梯間，階梯是在工廠直接打模成品運到現場組裝的。阿立利用樓梯轉角的鋼骨樑與牆之間的厚度，設計成收納 CD 與書本的地方。

4｜樓梯骨架運到現場，吊車得先花費一番功夫閃躲電線。

天井的通風與降溫系統

房子座東北朝西南，而且背部還有鄰宅，因此天井是全天日照最短的區域，再搭配噴霧與灑水系統降溫，天井成為整間房子最涼爽的地方。再者，根據濕冷空氣沈澱的自然現象，濕冷空氣較會停滯在一樓天井處，也因此當我們待在天井旁的餐廳時，真的覺得好像在吹冷氣。不過，倒是不用擔心這個角落會有發霉問題，因為天井與每層樓互通，不論水平或垂直向度，只要室外空氣與天井之間產生溫差，就會促進空氣流動。

當戶外 36 ℃時，天井空間約 29℃。天井每個樓層都相通，二樓衛浴甚至有朝天井的開窗。

工程進行中，剛架好的網狀鐵板是紅色的，可以鋪平變成通道，也不會阻礙空氣流通。

天井的側面也有可以調節氣流的百葉窗和採光用的玻璃窗。

天井處設有六個噴霧頭、一道灑水系統管線，開關都集中在頂樓的主控室。

電梯

室友阿隆原本以為這是大型更衣室，沒想到阿立打開門、我們走進去後，這個更衣室還會自動關門、上下移動，每次都不動如山的室友，這次真的有驚到！（嘻）

攝影友人正毅則說這是他目前看過最聰明的家庭電梯。利用電梯管線間剩餘的空間，設計成收納櫃，隨著電梯到不同樓層，收納櫃就有如小叮噹的隨意門一樣，打開就會看到不同的寶藏。不過在電梯行進之中打開的話，電梯可是會停止的。電梯裡面也設有電話，若遇到突發狀況，可以直接撥市話或手機號碼求援。

初次到訪的人，很可能會以為這是大衣櫃或更衣室。它就位於客廳旁、正對樓梯，目的是要讓小蘿的母親可以方便上下樓層。

電梯裡面有方便老人家的扶手，電梯的位移方式是透過垂直面的轉軸，而非傳統的鐵鍊型，阿立評估認為這樣比較安全。

電梯上方是風口，門關上之後不覺得悶。右側和門旁均有按鈕。後方是管線間及收納櫃的空間，電梯停下時，櫃門可以打開取物。

電梯安裝過程解說

2009 年 12 月，電梯鋼軌運到現場時，機體與鋼骨已經合體了。

運至一樓，定位水平之後加以固定。

電梯井的排風口鐵箱，用以釋放電梯井的氣壓，安裝在建築體的最高處，內外風口均用鐵網覆蓋避免蚊蟲跑入。

頂樓小木屋與鋼骨、磚牆的緊密結合

頂樓小木屋的室內一景，阿立考慮可能的颱風或地震等因素，頂樓小木屋與鋼骨及磚牆之間交接處應該更緊密堅固才行。木結構的地樑、中脊柱及兩側屋頂，用各種方法緊密地與樓下的鋼骨相互扣住。

木頭中脊樑下方再用鋼骨支撐，而且兩者之間也用螺絲拴住。

長螺栓則是負責把兩片屋頂和地樑更加緊扣住。

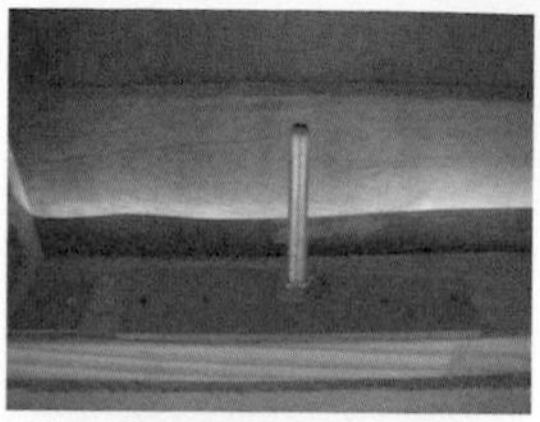

木頭邊樑與磚牆交接面，有十二處特別用螺絲搭配植筋膠，增強緊扣的力道。

專家、工班、建材行口碑推薦

鐵工	何先生（量伯）
推薦語	擁有三十幾年的經驗，各種有關金屬的問題都難不倒他。
聯　絡	0937-421-416

鋼構	彰裕工程公司 楊先生
推薦語	三十幾年鋼構經驗，擁有豐富經驗及結構知識。
聯　絡	0932-865-869

泥作	高先生
推薦語	對工地管理堅持首推他；擁有二十幾年的經驗。
聯　絡	0961-182-227

原村木構	洪先生
推薦語	戶外木結構施工經驗豐富，參與多個重大公共工程施工。
聯　絡	0933-500-975

油漆	王先生
推薦語	三十幾年的經驗，是個很固執的人，非常堅持品質。
聯　絡	0910-025-374

防水	李先生（阿山）
推薦語	十五年防水經驗，能在水進到結構內部就把水擋掉。
聯　絡	0915-114-022

設計師	王議陞
推薦語	很好的調節者，EQ 高、可溝通、會傾聽，也會激勵工班。
聯　絡	0936-194-606

頂樓的主控室

木造的頂樓除了客房之外，也是阿立的控制室，包括風電及光電、光熱水、噴霧、雨水回收等主要開關都集中在這裡。風力與光電所產生的能源，蓄積在使用壽命長達七年的蓄電池中。不過在此還是要強調本書中另外一位屋主謝孟霖先生的提醒，蓄電池裡的電解液稀硫酸與過氧化鉛負極板，電池失效後務必交回原廠或回收專門店處理，不然會對環境造成嚴重污染，而謝孟霖先生本身是堅持不使用蓄電池的。

主控室面積不到兩坪，卻是所有管線的整合區。天花板白管為真空太陽能熱水管的路徑。

此為太陽能的充電控制器面板，可以讓使用者知道蓄電池目前有多少電、風電與光電又載入多少電，下方的轉扭可以決定是否只用台電用電、或者也使用蓄電池電力。

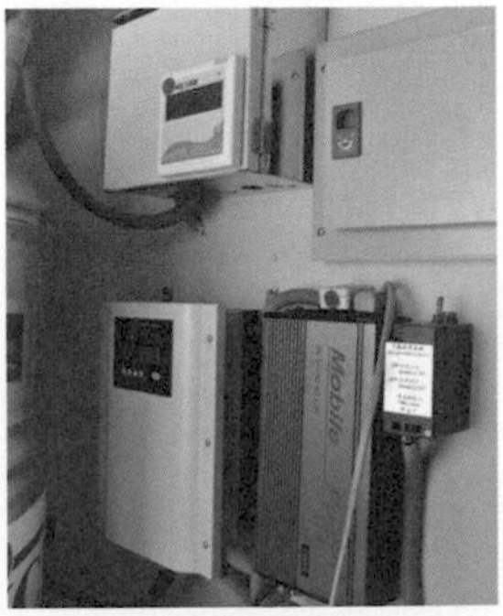

上面是真空太陽能主機、下面兩個則是垂直軸風力發電的電控器與雙煞車系統。

真空太陽能熱水先經過主機量測過後注到圖中的水塔，主機與水塔外的溫度顯示約在 80 ～ 84℃左右，若直接用是會燙傷的。

主控室其實就是頂樓小木屋隔出的一小塊空間，管線集中便於處理。

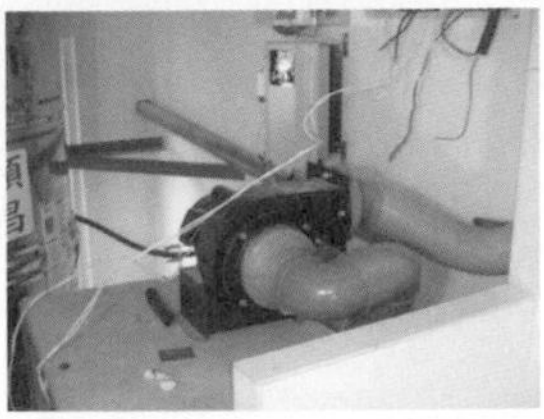

這個則為全室抽風機，當冬天開窗較少時，可以打開強制排風。

內含過濾功能的造霧機，可以避免水中的雜質塞住濾嘴。控制懸扭固定在風力發電的風扇柱上（綠漆部分），用來控制前門跟天井的噴霧。

改造預算百分比

項目	比例（%）	細項說明
泥作	22	含拆除
鋼構	15	含假支撐
防水	7	
水電配線	6	含全室視訊及網路
鐵鋁門窗	12	
木工	18	室內裝潢部分
油漆	6	
木結構	12	
燈具、玻璃	2	
合計	100%	

老屋綠改造

美好時光的
移築與再生

因為房子旁種的山茶花，讓 Sherry 回想起童年的家，決定買下這間老房子。幫忙改造設計的 Peter，以少拆、少丟、多回收再利用為出發點，幫老房子穿上隔熱又隔絕濕氣的外衣，室內並發揮 Form follows function（形隨機能）的簡約概念，辛苦了半年，終於完成了心目中的 Green Villa。

※ 本篇部分照片由受訪者提供，特此致謝。

family story

屋主 / Sherry

取材時 2010 年 8 月 / 夫 60 歲、妻 56 歲
買下此棟老屋 / 2009 年 4 月
設計討論 / 2009 年 5 ～ 6 月
動工 / 2009 年 6 月底
管線重拉 / 2009 年 7 ～ 8 月
抓漏防水 / 2009 年 7 ～ 9 月
完工入厝 / 2009 年 12 月 26 日

house data

Green Villa 翠山莊
地點 / 台北市士林區
地坪 / 135 坪
建坪 / 80 坪
結構 / 鋼筋混凝土、加強磚造

透過臉書，我和 Peter 成了網友，他寄給我他在台北郊區、花了半年才完成的老屋改造。其中提到老屋外牆磁磚幾乎都保留、拆除工程降到最低，還用很簡單的方法幫外牆隔絕濕氣與日照，好奇心驅使之下，趁一次前去台北時，順道拜訪 Peter 及屋主 Sherry。Sherry 有著洪亮爽朗的聲音、晒成古銅色的健康膚色，熱情且好客，讓人倍感親切。

「當我第一次來看這間近三十年的老房子時，前面長滿芒草，看起來荒廢許久的樣子，很多人來看過之後都不敢買。不過，因為我之前也是住經過改造的老屋，有了經驗，對老房子比較沒有這麼恐懼。」Sherry 說，「讓我決定買下它的原因之一，是因為庭院旁邊有一棵山茶花。」

那棵房子旁的山茶花，把 Sherry 拉回到童年的場景，也讓她想起父親。「小時候家旁邊，爸爸種了一棵白色的山茶花，從兩、三歲開始，每當長出花苞時，爸爸就會提醒我生日快要到了。雖然爸爸在我十九歲就過世，但他對孩子的愛與教育方式，影響我們很大。」Sherry 提到，她從小就參加童子軍、救國團等各種戶外活動，「其中尤以童子軍的活動影響我最深，我們會在野外露營、體驗大自然。我曾經參加屏東山地門的山訓，還有類似傘兵訓練的跳塔呢，高中時期跟同學常去擎天崗找夢幻湖，當時不像現在還有完整的步道和地圖，所以蠻怕迷路的。十八歲時決定登玉山，爸爸買了一雙紅色登山鞋給我，我到現在還保留著呢。」也因為如此，Sherry 希望住的地方也能夠接近自然。

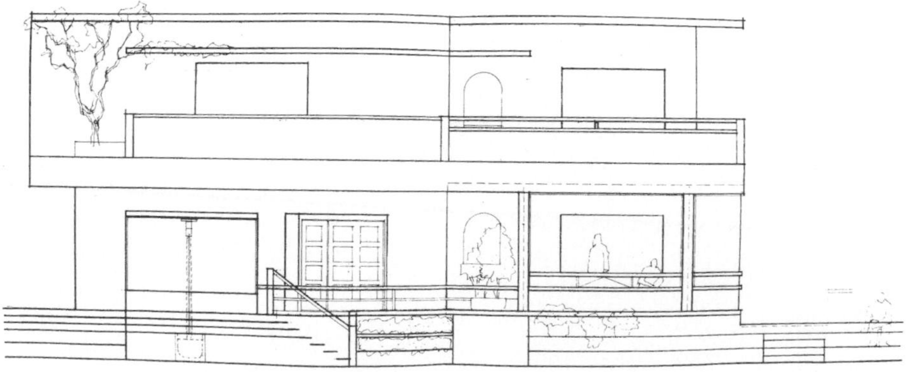

1｜門口往左移之後，原本門的位置與玻璃屋之間設置成小水池，天氣炎熱的時候可透過開窗調節室內與水池之間的空氣流動。

2｜二樓的三角造型屋簷，是防水的大漏洞，雨水與露水直接從斜面滲到室內。

3｜往地下車庫的階梯十分低矮而且傾斜，對身高 180 公分的男主人來說，很容易撞到頭。

4｜原本房子的大門就接著陡峭的樓梯，門又是往外拉開，很容易在後退時踩空。

5｜將車庫階梯上緣鋼筋水泥敲掉，頭就不會撞到了。

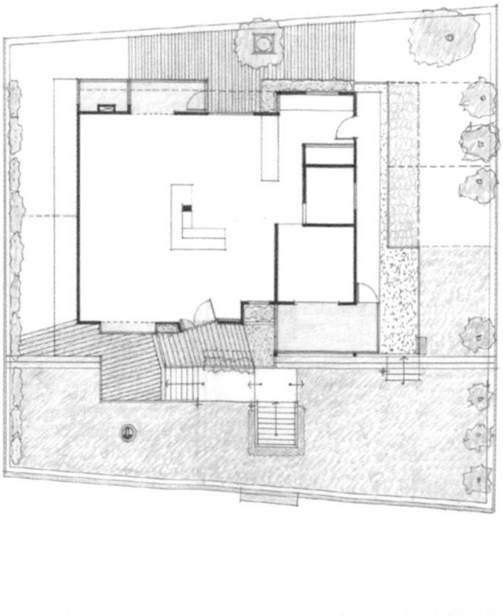

「孩子們小學一、二年級時，我們就決定從市區搬到郊區，孩子們唸雙溪國小，與同學們的感情很好，他們一起探索外雙溪一帶的每個山洞、每條小溪。原本打算三、四年級就帶他們移民加拿大，但兒子要求我讓他與同學自然地分開，於是就等到他們畢業，我們才移居加西。」

加拿大西岸，一處保存自然、十分適合自然愛好者遊玩與居住的地方。他們並沒有住在溫哥華市區，女兒住在溫哥華旁邊的維多利亞島，兒子則上德國體制的華德福森林小學（Waldorf School）。「有一次老師帶兒子他們騎單車去湖畔，然後再從高處跳到湖裡，兒子說那是他第一次體會到人與魚共游的那種特殊感受。」

1｜階梯底部玄關處，掛有在PETER建議下由工班拼貼出的作品，材料全來自裝修時的剩料與工具——鋼筋、木塊、鐵件、油漆刷、鏝刀等。

2｜後院有時也做為戶外宴客的空間，廚房可以透過送餐窗將食物遞出，垂直的中空耐力板後方不但是管道間也是燈箱。用老房子本身的廢料設計成的組合餐桌，使用時只要把木板一片一片架到桌腳上即可使用。

3｜階梯面架上水平的木料階面，兩側的石牆則保留。為了掩飾管線，表面貼有剖半的竹材，刻意讓竹心錯位營造視覺效果。

4｜原本位於房子正中央的大門左移，至於中央的陡峭階梯也拆除，換成可邊走邊停留的木棧道階梯，可以在轉彎處欣賞半圓水池裡的魚兒。

Sherry 回台灣後，希望能延續加拿大所帶給她的自然感動，於是將找房子的地點鎖定在陽明山及外雙溪一帶，最後考慮到老公上班、交通要方便，才會再次找到外雙溪社區一間前院長滿雜草、房子旁有一株山茶的老房子。

老房子的建築本身並不是很紮實，許多地方的設計也不吻合人體舒適度。像是一進門的樓梯高度就很容易讓人撞到頭，而入口前廊與階梯之間的距離太短，很容易在開門後退時踩空。也因為房子背面是山，水氣從地板、牆面滲出，而地下樓的車庫更是小水瀑。若整間房子都拆掉，會超過預算太多，Sherry 決定以改造的方式，而且希望盡量不要超支，「那時候我已經認識 Peter了，想說就交給他處理吧！」

Peter 自謙為已退休的建築師，對我而言他倒像是一位性情中人的藝術創作者，他的部落格上有他的油畫、水彩及素描作品，筆觸自然且氣質溫暖。讓人欽佩與訝異的是，他的家座落在台北汐止一帶，已經七年都沒有開冷氣了；偶爾家中出現蚊子，他也很樂意讓蚊子叮咬，對 Peter 來說，都市中看不到蚊子跟看不到蜜蜂一樣，都不是好現象。Peter 也將對環境的關懷落實到老屋的改造上，除非狀況真的很糟，不然能保留的就不要拆。例如現場餐廳的地面比客廳還要再高約十公分，私以為是刻意抬升區隔空間，後來才知道原本該區就是抬升的地面；房子有些角落，甚至可以看到早期磁磚與新的裝潢混搭交接，「原本室內的裝潢還想要降到更低的，但牆面剝落很嚴重，雖然重做防水也粉光了，還是看

4

1｜客廳地板原本就有高差，PETER 予以保留。中間白柱是一樓唯一外露的承重柱，其餘都靠隔間牆支撐。

2｜原有室內樓梯十分陡峭，轉折處容易撞到頭，階梯也因潮溼而表面脆化。

3｜整個一樓開放空間就是一個循環雙向動線，以房子原有的柱子為軸心，串起了玄關、客廳、餐廳與樓梯等空間。原始地板很潮溼，貼上的新磁磚硬度達八度，比石頭還硬，有效杜絕反潮。順著壁面開口也用了木框加強結構支撐。

得出剝落的痕跡，考量到 Sherry 在社交上的需求，還是將牆面封平較為妥當。」不過，Peter 還是盡量謹守著 Form follows function（形隨機能）的概念來降低裝潢的複雜度，同時營造出美感，例如一樓客廳天花板，兩旁有管線、但中間沒有，於是他就以曲線收邊的方式取代傳統的漸層收邊，再搭配自行設計的燈具往上打光，讓一樓顯得更挑高流暢。

Peter 還提到，他調出了建築物原始圖面，發現與現場根本相距甚遠，因此很多細節都是局部拆除時才能臨時修改，「像是有一次不小心動到地板邊緣，才驚訝發現地板竟然沒有配筋，與圖面根本不符，難怪高高低低的。外牆則如彩帶波浪舞一樣，完全不是水平線，所以當你看到原本凹凸不平的外牆，在工班細心拉出平整的水泥板時，那種成就和滿足，讓人覺得之前的努力都是值得的。」

除此之外，老房子漏水狀況也頗為嚴重，與其硬擋，Peter 選擇將積水排掉，因此，在入口處及車庫處會看到新挖好的導水排水溝，以減低擋土牆的壓力。完工後，Sherry 的女兒從加拿大回國看房子，第一句話就說：「這間房子一百分！」聽得 Peter 暖在心裡，Sherry 也很開心，急著要搬進來住，「這次搬家很多東西都送人了，物盡其用，東西要送給有需要使用的人。兩個孩子每年也回來十多天而已，他們的房間變成彈性利用，有簡單的行李收納櫃，平常則是供人坐的沙發，孩子回來時攤開就變成床了。」

4 | 天花板呈現弧形，主要原因是兩側均埋有管線外露，需壓低板材修飾，但中間則幾乎貼近樓板，PETER 運用 FORM FOLLOWS FUNCTION 手法，並設計燈槽往上打，達到創意的間接照明效果。

5 | 循環動線的中心點是 L 型的櫃子，囊括了客餐廳的機能設備。外側當成玄關櫃及電視櫃，內側則包含餐具收納櫃及洗杯臺。

Sherry 至今已在此住了超過半年時間，大致上都覺得不錯，唯一比較讓她受到驚嚇的，是一次大雨過後，突然從門縫及牆角二處湧入大量很大隻的黑色螞蟻雄兵，「牠們不是規矩排成一條線那樣走喔，是突然在同一時間大量湧入、從牆角散開，那天我真的嚇到了！用檸檬水才慢慢驅散。我們推測可能大雨把蟻巢淹了，受到驚嚇的螞蟻才四處逃竄吧！」後來在有螞蟻進出的門縫，都擺上一小塊水晶肥皂，截至目前為止都沒再看到螞蟻了。

「我覺得自己像是都市中的農婦，哈哈！我將前院設計成菜園，剛好工頭家裡也在田邊種菜，就分一些幼苗給我。我在這裡種的秋葵、茄子、魚腥草、韭菜、冬瓜等，都長得很好喔！有時候早餐就從菜園直接採摘，宴客時也會當做食材，客人來都直呼好吃，甚至還要求帶些『土產』回家呢！」Sherry 說，「有時看得到台灣藍鵲、老鷹、綠繡眼和白鷺鷥等，水池裡面甚至還吸引青蛙來住，晚上的蛙鳴還曾經讓先生失眠哩，不過我都是躺下就直接睡著了！另外，我覺得這裡的空氣比市區好很多，也不知道是不是巧合，總之，來這裡住之後，我的肝功能指數有變好喔！」這樣的環境，在台北市的確較難得，從週一到週末，幾乎每天都有人到 Sherry 家作客，朋友都很喜歡來拜訪，同時詢問 Sherry 及 Peter 一些改造房子可能遇到的問題。

Sherry透過實際行動，將房子綠改造經驗宣傳分享，甚至與Peter積極籌劃藝文與環保等相關議題的讀書會，讓我對他們產生一份敬佩之情，「不過我退休了，不再幫人家做設計了喔，頂多扮演顧問角色、提供一些建議就好！」將近六十歲的Peter補充。「不是吧，你只要稍微讚美他，他就會答應了，Peter喜歡人家不停地讚美他，只要他心情好，什麼都會答應！他很重朋友的！」Sherry在一旁加油添醋。真高興再次看到屋主與建築師合作之後，又成為相互勉勵、有共同願景的夥伴，也希望兩人的理想能夠早日實踐，慢慢影響更多市區民眾對居住及老屋改造的看法！

1｜樓梯的扶手，造型弧度由PETER設計，不但可以放書也可直接坐在上面。類似的比例語彙延伸到二樓陽台欄杆。

2｜餐廳與客廳壁爐的區塊相接，只是地板是順著原本的抬升再包覆木地板。當然木地板與原始水泥地板之間，依舊要鋪上一層防水布。

3｜後院就是靠山的擋土牆，因此側窗開在低處，便於流進冷空氣。轉角垂直線特別設計成兩片玻璃搭接的無框設計。

3

1 | 二樓陽台的原始牆表面主要有兩種材質，一個是石板牆、一個是貼磁磚。改造之後，石板牆架上非洲鐵木、右邊則是貼水泥板。

2 | 上到二樓之後，是夫妻倆的起居空間跟 SHERRY 老公的書房，這個空間連結了主臥及客房（小孩房）。矮桌及書桌也是由木工現場製作。

3 | 二樓南面幾乎與擋土牆頂部同高，因此可以看到山坡，為此，將這個方向開了橫向大窗借景，當從主臥走出來時，就能看到綠意盎然的景緻。

4 | 客廳矮桌是木工在現場裁切、製作出桌腳的即興佳作。

7

5

8

6

5 | 房子南側通往頂樓的半戶外木梯，是由長期配合的木工訂做而成，兩側則保留原有的磁磚。

6 | 保留了房子原本的壁爐口，但因壁爐通道已不堪使用，故只做為裝飾用。

7 | 頂樓原本只置放水塔。把水泥墩上的水塔移走後，刻意保留水泥墩，再直立一片木頭，水泥墩宛如一直是這塊木頭的舞台。頂樓局部增設木作平台，做為休憩空間。

8 | 從客房的角度看往書房，也可以再透過書房後方的玻璃牆看往主臥，所有空間都相關。

先做好一塊釘好角料的活動試板，模擬固定在外牆時的樣貌。

釘好之後的防腐南方松底框架，透過陽光照射下來的光影，可以明顯看出圖中的磁磚牆其實相當不平整，呈現波浪狀。因此框底有許多厚度不同的角料墊著。

由於實牆不能當水平基準，另外拉出白線以便讓角料對齊。

二樓的石板牆面在清理過並塗上防水漆後，也釘上水泥板的底框架。

框架底部以厚實的南方松做收邊底板，並且為了避免雨水滲入屋簷天花板，記得要在底板邊緣設計止水線。

在底板上塗矽利康之後，將水泥板黏上，再以氣動鑽鑽孔機固定。

為了讓水泥板拼起來是完整的水平，師傅很謹慎地對齊水泥板與底框。

組好一面外牆了，是原木的漂亮細緻收邊與水泥板的搭配。

改造預算百分比

項目	比例（%）	細項說明
拆除雜項	10	泥水、鷹架
結構補強	10	木料、配筋、楣樑
外牆及屋頂	8	木作、塗裝
機電及設備	30	水電、空調、衛浴與除濕等
鋁門窗	7	
室內木作	25	
面飾、塗裝	5	日本大谷塗料、Bolon 壁布
菜圃、園藝	5	
合計	100%	

◣ 舊牆與新牆細部 ◥

房子原本的外牆並非平整的牆面，而是如波浪狀的曲線，Peter 希望讓房子有新的形式，於是利用角料與國產纖維水泥板慢慢微調、拉平原本不平整的牆面，花費兩個半月才將外牆整理好。水泥板與磁磚牆面之間的空氣層厚度至少 8 公分，夏天可以緩衝太陽輻射熱被水泥牆吸收到的量、冬天則可以降低室內暖氣散發到室外的速度。

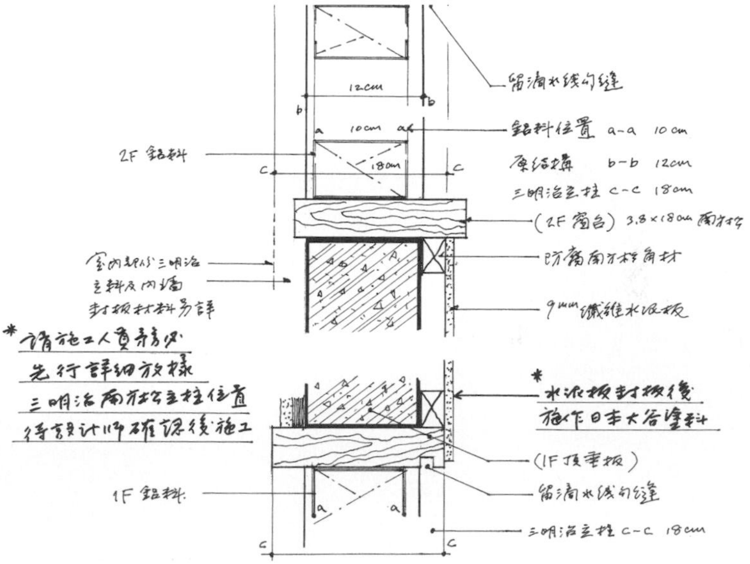

Peter 手繪之新舊牆交接細部。其靈感來自德國建築外牆斷熱工法。在實牆上以防腐南方松做角料，再架上已裁切好的 9mm 纖維水泥板。

同一個牆立面由上到下，可以看到新與舊牆。上方的外牆是直接安裝在原磁磚牆的水泥板，下方外牆則是原本的石板牆。

房子靠山的南面幾乎都以水泥板修飾，封板後再塗大谷塗料當保護膜。

工地講究工程管理及效率，才不會耗能又耗資金。圖為將現場裁切好的水泥板依序放在要安裝的位置。

平價綠建築

維持老屋骨架的關鍵式改造

這間謝孟霖買下的二十九歲老透天，之前未被善待，屋裡充斥著壁癌、霉味、油垢、老鼠與髒亂。因為不想製造垃圾，新屋主希望老屋的拆除量降到最低，決定用現有格局與骨架為基礎，投入約三百萬元的預算，以「關鍵改造」的方法，融入通風、採光、雨水回收、隔熱、熱泵系統等五項零耗能或低耗能設計。這是他對環境資源所盡的一份心意，也為全家人長期居住創造舒適又省錢的生活。

※ 本篇部分照片由受訪者與友人國慶提供，特此致謝。

family story

屋主 / 謝孟霖

取材時 2010 年 5 月 / 謝兄 47 歲
買下八卦路老房子 / 2008 年 6 月
被動式設計、蒐集資料 / 2008 年 7 月～2009 年 7 月
拆除工程 / 2008 年 11 月
模型設計 / 2009 年 3 月
硬體改造 / 2009 年 7 月～2010 年 4 月
雨水回收管線配置 / 2010 年 3 月
熱泵系統安裝 / 2010 年 4 月

house data

綠舍
地點 / 彰化市
建坪 / 室內共約 150 坪
結構 / 一～三樓水泥、四樓鐵皮屋
改造費用 / 約 300 萬元（不含 100 多萬元的太陽能板）

謝孟霖，有一雙銳利但溫和的眼神，這是長期野外觀察鳥類的人常會有的眼神，他注重環境保育、討厭浪費、喜歡動腦。透過原本是讀者、後來變成朋友的國慶介紹，我終於有機會一探這精采的綠改造大計。

謝兄應該是國內少數幾位用自己的有限資金、自己K書找資料、以節能永續觀點來改造自家人要住的老房子的「素人」，但他的改造構思卻十分縝密，一開始進去會被各種機關設計搞得霧煞煞，只有透過說明才慢慢答案揭曉。

不想製造垃圾　決定不拆房子

這間二十九歲的老房子原本狀況並不好，一至三樓是緊靠山壁的水泥結構體，四樓則是剛好臨著房屋另一側路面的鐵皮屋。緊貼著山壁的部分因濕氣而產生壁癌，鐵皮搭蓋的四樓則悶熱難耐，非得開空調不可。再者，屋內深達十六公尺，通風跟採光卻都很差。

之前屋主將四樓用來經營餐廳，客人從較高一側的馬路直接進到四樓，而三樓就成了廚房，油煙老實不客氣地排放到後面巷道的鄰居陽台，而廚房牆面與地面也沾上厚厚一層油垢。一、二樓陰冷又悶濕，而四樓是鐵皮搭蓋，白天十分悶熱，餐廳一定得開空調。再者，面對山坡馬路的這一側，看起來像是一樓，而從另一側巷道來看，其實是四樓鐵皮屋頂。再加上後來看到一、

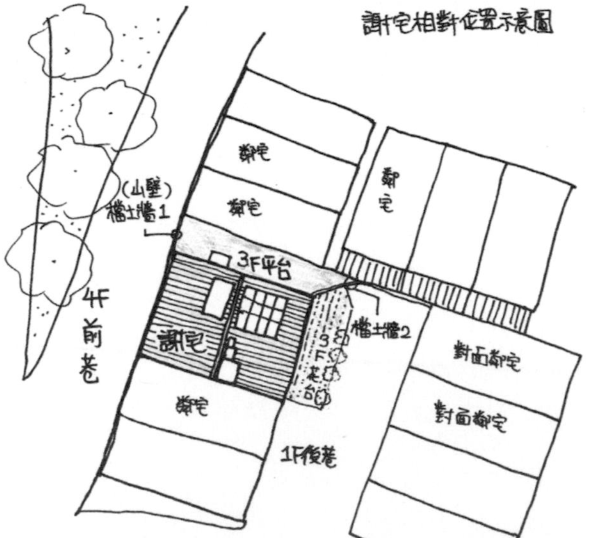

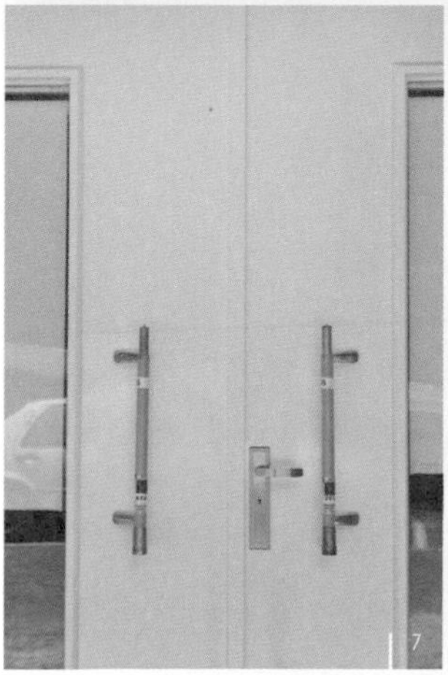

1 | 左側的橫向氣窗，用以促進四樓熱空氣的散逸與採光。右側的通風塔則促進二、三樓及樓梯間的空氣流通與採光。

2 | 謝兄買下的是餐廳左半部，並且順著原有的骨架來改造，屋頂的前後差異特別明顯。

3 | 房子前身是用來經營餐廳，從大馬路這一側看過去，看似一樓，其實是建築本體的四樓。

4 | 謝兄親手做的模型。每個樓層都可以分開，在施工時做為工班的最佳參考。

5 | 前後都是新搭建的屋頂，利用雙斜屋頂創造出高差，此道橫向氣窗成為四樓主要的採光源之一，也可以避免太陽的輻射熱進來，同時也加速四樓鐵皮屋的熱氣排出。

6 | 將原本餐廳的固定式大片玻璃窗改成四道瘦長、可開啟的氣密窗。

7 | 四樓大門的把手，是用回收的已報廢 25KV 高壓電保險絲再製而成。

1

二樓人鼠共處的照片，讓人很難想像謝兄何來膽識買下這間房子改造它！

大家都勸他把房子拆掉比較省事，但拆除重建十分耗能、也不一定便宜，他堅持「原建物最少量拆除、從現有狀況來改造」。

綠建築並非綠建材的堆砌物

謝兄認為，綠建築並非綠建材的堆砌物，不一定得花大錢買綠建材、高科技產品才有辦法達成。透過極少的局部拆除、搭配現有屋況的設計，就可以用聰明又省錢的方式達成，謝兄將「雨水回收」、「通風」、「自然採光」、「空氣隔熱」、「熱回收」、「太陽能」等六種概念運用在其中。我尤其喜歡其中的「隔熱」與「雨水回收」概念，雨水回收活用了鐵皮屋頂的特性；隔熱則把薄牆直接加兩層空氣層就搞定。而若扣除成本最高、要價一百萬元的太陽能板的話，其他整體改造僅花約三百萬元。

一天就可收集四十公升露水

利用一般常見的鐵皮屋波浪板斜屋頂蒐集露水與雨水，它在春秋兩季每天光是結露水就可以蒐集約四十公升的水，下一公釐的雨就可以收集一二七公升水，台灣的年平均降雨量約二五一五公釐，一年下來，如果水塔容量夠大，總共可以收集三一七公噸

1｜藍色結構體即為全長 9 公尺的通風塔，底部開口主要是與三、四樓梯間相接，用以促進二、三樓的空氣對流。橘色樓梯通往屋頂戶外平台，也供通風塔定期清潔保養的路徑。

的雨水、沖五萬次馬桶，依照一個成人每天沖馬桶的次數可以沖八年！目前，水資源的缺乏已經陸續在一些國家出現，在那些國家中，只有有權有勢的人才喝得到乾淨的水。而謝兄的設備，不但可以減少自來水水費、其實也是備水而無患。

有意識地選擇性消費

問謝兄，是什麼樣的動力，讓他自願拿自己的房子實驗，將這些前衛的概念用很平價的方式實踐出來？他拿起一張衛生紙開始摺，「以衛生紙為例，小時候老師會教我們使用衛生紙要節約，譬如上廁所，對摺完之後再對摺用、然後再對摺，而且是一張。」他將衛生紙摺到原本的八分之一，讓我十分驚訝，心想這樣也可以用喔？「而現在只是擦個嘴角，就可以抽個兩、三張來用。現在每個人所產生的廢棄物與污染量遠高於五十年前，尤其是購買許多拋棄式、免洗式塑膠產品。我們常用口袋的錢來決定污染量。當我們把鈔票掏給污染量大的產品，就是間接投支持票給他們。」

沒錯，現在不論買什麼產品，都逃離不了塑膠的蹤影，瓶裝水、沐浴乳，甚至有機豆漿、有機蔬菜，都是裝在塑膠容器裡面，很難有選擇的餘地。然而，看到比台灣大的太平洋塑膠垃圾塊（Pacific garbage patch）時，還是有種無力感。也許，最後只有自給自足能夠減緩這個難題？只要少掉「包裝」這個階段，就可以減少用來保護及美化的塑料了吧？

1｜原屋況。與前巷接壤、由鐵皮搭建的四樓原本做為營業用餐廳，因過度裝潢、天花板壓太低，導致採光暗且極悶熱，非得開空調才有辦法久待。

2｜當通風塔頂部被陽光加熱、造成頂部熱氣流出時，室內會產生負壓，將三樓以下的空氣透過梯間往上帶，並吹動塔中用來測試的衛生紙。

3｜將原本封起來的裝潢天花板拆掉，露出原本的屋頂內面。屋脊利用高差產生的採光與四周開窗讓光線十分明亮，外層還有平行的新屋頂，不需安裝空調，初夏室內溫度就比室外低六度。

4｜前後都是新搭建的屋頂，利用不同的斜角創造出高差，此道橫向氣窗成為四樓主要的採光源之一，也可以避免太陽的輻射熱進來，同時加速四樓鐵皮屋的熱氣排出。

5｜從屋頂戶外平台往回看高出屋頂約三公尺的浮力通風塔，當太陽照射著通風塔頂端，頂端空氣開始變熱膨脹，從四面百葉窗排出，產生負壓帶動三樓以下的空氣流上來。通風塔的截面積是 1.2×1.2 公尺，截面積須與長度達成適度比例（越瘦長越好），若截面積太大會造成僅在通風塔內自體循環。

6｜沿著橘色樓梯往上走到屋脊下方，可以看到橫向採光窗，這裡是整棟房子的最高點，是雙層屋頂熱空氣及四樓熱空氣的集中區，真的很熱。另側則是謝兄未來計畫做為室內直流用電的太陽能板，目前他使用多種品牌測試效率中。謝兄利用太陽能板本身半透光的特性，直接就當作兼具採光的屋頂材料。

7｜此兩桶為熱泵系統的熱水儲水桶，容量共計 800 公升，六小時可加熱 10℃，加熱的同時還可以為容易結露的一、二樓除濕，釋放乾涼的空氣。

7

6

5

從幼稚園長到投入老屋綠改造

話說，謝兄曾經經營幼教業長達十六年時間，也是台中科博館一九八六年的第一期義工。透過導覽、上課，他接觸到第一線的全球環境資訊。當時他原本想要開辦小學，用獨特的教育方式來因材施教、並傳遞環境知識，「我國小是拿縣長獎、第一名畢業的模範生。上國中之後，有次考試不慎，被老師打，之後便產生反叛心理，故意都只考六十分，故意剛好及格……」謝兄說，「大學之後，我開始思考國內的教育體制，功課不好的同學，難道就沒有尊嚴嗎？只能用來襯托功課好的同學嗎？」

然而，開辦小學不但需要龐大財力、也要至少兩公頃的土地，這些都不是謝兄當時可以做到的，只好改開設幼稚園，並主打英語教學，特別請姊姊飛去美國挑選外籍教師。二十年前，家長對幼稚園外語教學、圖像教學還很陌生，直到一句「不要讓孩子輸在起跑點」的口號流行起來，經營五年的幼稚園終於在報名日一開始就出現大排長龍的景象，緊接著更進入人氣鼎盛的「黃金十年」。然而台灣當時對外籍教師聘僱制度尚未健全，外籍教師的實際教育經驗與素質未知，甚至只要是老外就可以，很快的，國內幾乎每間幼稚園都有了「外籍教師」，競爭一多，帶孩子來謝兄幼稚園就讀的人數自然就漸漸減少，「加上我覺得每位孩子都是獨一無二的、不希望功課不好的小朋友看到『恭賀ＸＸＸ同學考上某資優班』紅布條產生自己不如人的錯覺，因此禁止員工掛

1｜原屋況。油漬污垢非常嚴重的三樓西南側，左邊的陽台被鐵皮封住，做為四樓餐廳營業的中型廚房，開伙時油煙直接散逸在後巷，影響周遭鄰居的環境品質。

2｜原陽台的三角窗形式讓地板與後來裝的木平台之間留有斜角空隙，嵌上鋼網讓更多光線可以下到二樓。

3｜木平台板材之間刻意留出較寬的細縫，讓光線可以進到一、二樓，同時又可以減緩西晒狀況。

4｜目前花台上種有美味番茄與誘蝶植物馬利筋，甚至吸引蝴蝶在其上產卵。

5｜於2013年再訪時，西側陽台外側加裝竹簾，大幅降低廚房的熱度。

6｜改造前的房子，與山壁相貼的牆壁出現壁癌狀況。於是將會發熱的網路電信等設備，刻意集中設置在與山壁緊鄰的牆面，或多或少降低山壁傳來的濕氣。

7｜三樓靠山壁一側，設為起居兼視聽室。於施工時在西北側牆角開60×60公分的氣孔，與二樓的空氣牆相通，裡面置放熱泵，使排放出乾涼空氣，打開上面的蓋子，就可以看到通往二樓的通氣口。

8｜熱泵所排出的乾涼空氣，透過階段抬升的木地板橫向開孔，與視聽室對向高處的開口產生對流。

9｜用回收的雨水、露水沖馬桶跟小便斗，光是一個晚上回收的露水，一天就可沖小便斗30次。有搭配雨水回收的管線走明管並塗上綠色，才能跟自來水的管線區分開來。

10｜光線透過通風塔，進到三樓梯間，下方的二樓梯間則稍暗，但白天仍不必開燈。

9

6

5

10

7

8

紅布條，很多家長理所當然被其他幼稚園的紅布條吸引走。」那是距今五年前的事，謝兄發現因為自己的理想，成了八十名員工經營幼稚園的阻礙，毅然決定辭職，移交幼稚園的經營管理權。

接著，他把焦點轉到掛心已久的環境議題上，身為彰化野鳥協會常務理事的謝兄，透過觀察野鳥生態，也持續關切國內的生態環境，「鳥類是很敏感的生態指標。」他提到國內一些大型人為汙染，不僅鳥類棲息地喪失，連帶居民健康也受到影響，人民要像茱莉亞羅伯茲主演的電影《永不妥協》，堅持並團結、政府願意配合才得以扭轉。謝兄決定先從自身做起，便把部分積蓄用在購買這間老屋及進行綠改造上面。

自己拆，才知道哪裡要改

謝兄沒有找設計師、建築師主導設計，只硬拗了幾位設計、建築師朋友當顧問，花了四年，憑著自己一股熱血、不停地吸收相關知識，他發現綠建築不一定要很貴，但是需要動腦思考，還用珍珠板做了數次模型（他強調，珍珠板並不環保，只是手邊正好有回收的珍珠板），最後一代模型甚至可以四層樓都拆開看，使得更加清楚模擬採光、氣流等原理。另外，他也堅持拆除工程自己來，「自己拆的好處是可以邊拆邊想，決定哪裡可以保留、哪裡只要拆一部分就好。」他給孩子鐵鎚要他們一起拆，能夠盡情地破壞敲牆卻不會被罵，對孩子而言，也是一次開心的經驗。

1

2

從生活中實踐節能

除了綠改造顧問與導覽之外，也是家庭煮夫的謝兄，連煮飯也要節省瓦斯。「一鍋到底最省瓦斯！我先將要煮的菜全部切好，然後排序，味道最輕最淡的先煮，味道可以相輔相成的接著排在一旁，三、四道菜約五分鐘完成。」他說讓瓦斯爐外圈小火、中心點大火，搭配適時加水、用鍋蓋悶住，都可以讓菜比較快熟又減少耗能，「如果可以生吃的我就不煮，如果要悶燉好幾小時的我也不煮，那太耗能了。」

目前，房子的設計概念大致抵定，但許多局部與收尾還在進行，離真正的完成保守估計還有二年。現在，最高興的也許是鄰居吧！不但油煙和醜醜的排油煙管不見了，還變成清爽綠化的植栽花台，難怪鄰居們看到謝兄都笑嗨嗨。

拜訪謝兄，除了整棟房子的設計之外，對我而言最直接也最快速的影響，竟是在使用衛生紙的量上面節省許多，而對國內的環境議題，諸如濁水溪、白海豚等議題也更加關注。謝兄的理想是希望透過自宅的改造經驗拋磚引玉、以實際成果影響更多人。在許多朋友的幫助下，也許謝兄將來會提供節能屋改造的顧問經驗，讓更多有興趣以節能角度改造老房子的人前往取經！

1,2 | 西側陽台成為小菜園，目前種植番茄、青椒、青菜、香草及誘蝶植物等。

3 | 車庫旁置放一些老房子還堪用的廢料，做為日後木工時的材料。

4 | 二樓天花板的六個通氣孔，可以將三樓的戶外空氣傳導到一樓；同時西側對向天花板也有出風口，可供一樓的熱空氣往上升。不過一樓仍相對陰涼，因此以倉庫及工具間為主要用途。

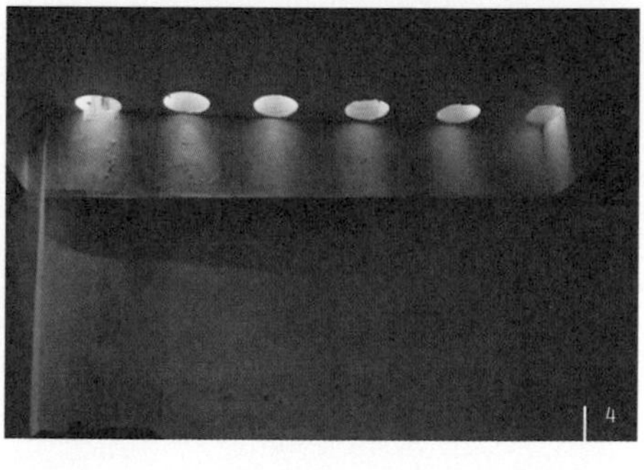
4

能源系統（Energy System）
謝宅的六大能源利用系統

1 | 雨水回收

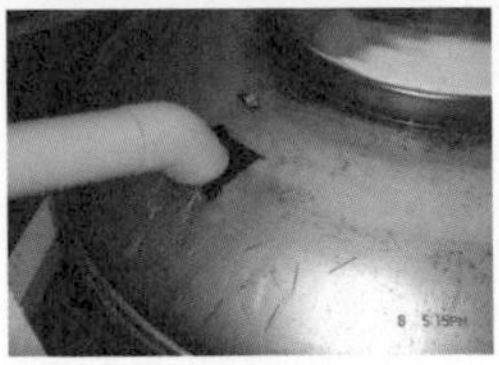

a. 水管沿著屋簷邊緣接住雨水與露水，透過總面積約 127 平方公尺的鐵皮屋頂所蒐集的雨水，光是春秋兩季每天早上收到的露水就高達 40 公升，雨水只要下一公釐就可以收集 127 公升水。

b. 謝兄將收集到的雨水儲存在 3 個 2000 公升的雨水回收桶內，以綠色的水管做為辨識，雨水拿來澆花及沖馬桶。根據友人國慶到現場探勘的補充，回收桶內有設計滿水位及低水位兩探針，當久沒下雨，水位不到低水位時，就會透過電動閥自動補自來水 15 公分，不補太多的原因，是因謝兄還是希望裡面以裝雨水為主。

c. 雨水回收桶的狀況連結到室內燈號，透過燈號顯示可以得知目前的水位及是否已經用自來水補水等狀況。

2 | 熱回收→除濕＋熱水＋微冷氣

a. 因一、二樓本身位於山壁底部，夏季室內濕度高、溫度比室外低，所以室外相對較熱的空氣進去後，隨著氣溫下降相對溼度逐漸提高，若低於「露點溫度」，就會有結露現象，造成潮溼與發霉，需要除濕。經比較，與其單純用除濕機，謝兄決定嘗試用「熱泵系統」，同時達到除濕、冷氣、熱水三個功能。

b. 熱泵簡單來說，就是回收冷氣排放的熱能，冷氣與熱水器二合一，一次耗電量三次利用。熱泵內含冷煤，在二樓吸收空氣中的熱與濕氣後，排出相對乾冷的空氣。冷煤則散熱在水中、使水溫提高，並儲存在一樓的 800 公升熱水儲水桶。

c. 熱水製熱最高溫通常調整在 50℃，使用端則定在 38℃以下，為謝兄一家人可以接受的熱水溫度。若天氣較冷，溫度也可以調高。在寒冬時，若要用熱泵生產熱水，勢必也會生產冷氣，不過因為熱水是以很慢的速度升溫的，所以冷氣也是很慢很慢釋放出來，故稱之為微冷氣，在冬天一、二樓的室溫在熱泵開機下經過量測結果是降 0.5 度。以 2010 年春節寒流白天的測試結果而言，室外溫度是 9.8℃、四樓是 12℃、三樓以下則為 18℃，熱泵開機後降為 17.5℃，一、二樓如山洞般冬暖夏涼，反而讓溫度較不容易流失。

3 | **通風**

a. 通風塔高出屋頂 1.5 公尺，四周都是玻璃，在陽光照射下，頂端很容易成為通風塔最熱的焦點，被加熱的空氣透過頂端四周的百葉流出之後，通風塔底部形成負壓，促使冷風從窗外、樓梯間抽上來，會帶動最底層的一、二樓氣流流動。

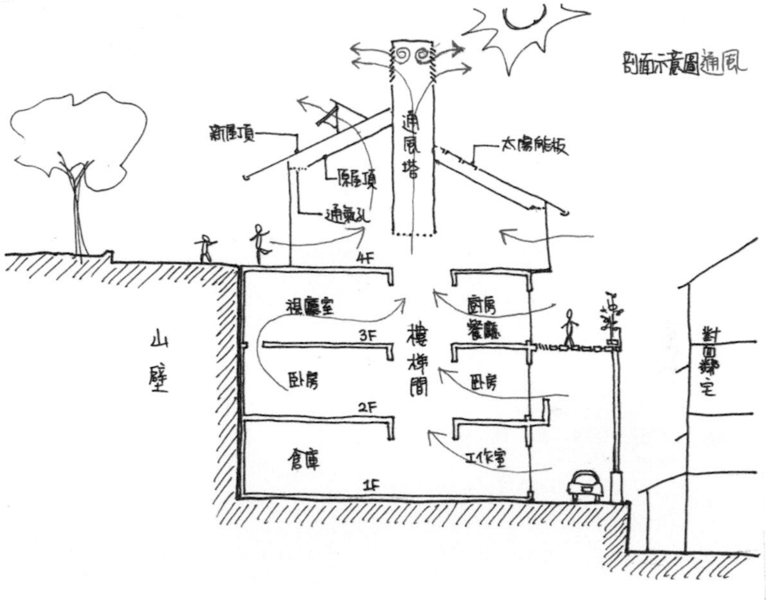

b. 二樓靠近東側的樓板，在不影響結構安全的狀況下打六個孔，使一樓的氣流可以上到二樓，並於靠近天花板處將牆面開口，讓二樓的氣流又可以與三樓室外相通，當屋頂玻璃通風塔負壓形成時，這一段通風管道則是吸氣進入室內的管道，形成既可採光又可通風的垂直通風口。到了冬天若怕熱氣流失，也可以將玻璃關上，減少空氣對流。

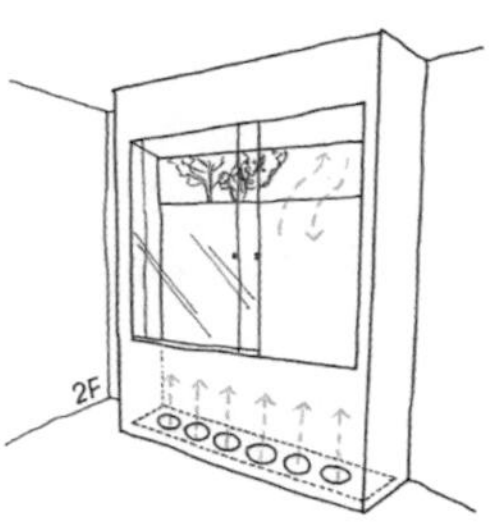

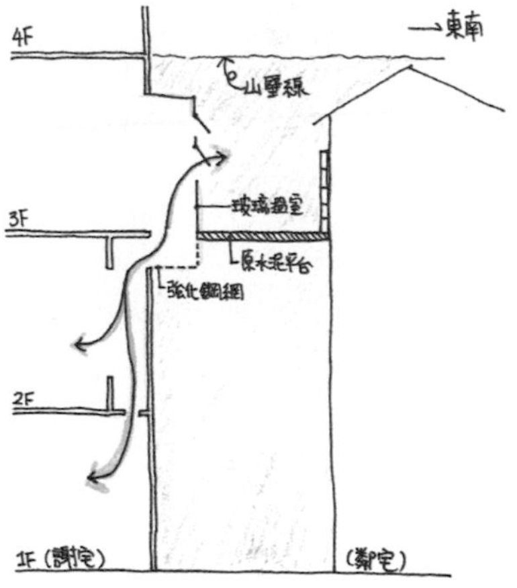

東1至3樓透氣口示意圖2

4 | 空氣隔熱

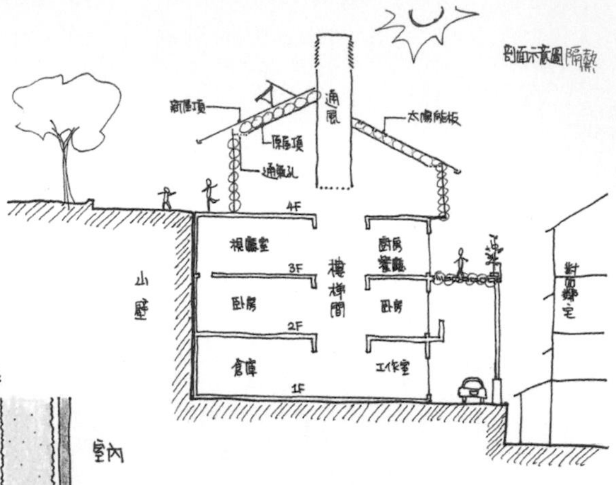

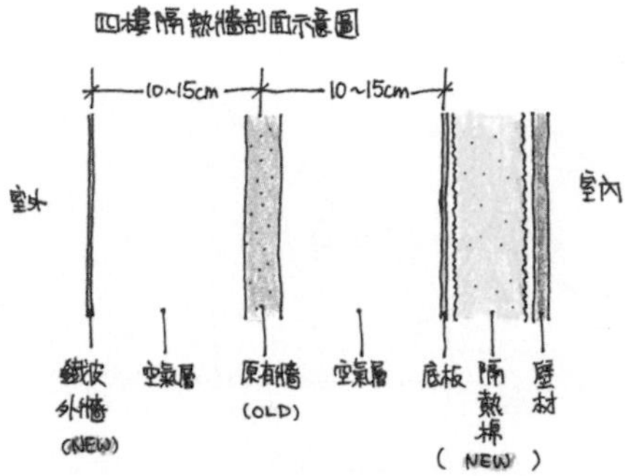

a. 在舊牆中心點的內外兩側約 10 至 15 公分設立新牆，新牆依舊用輕鋼構搭配鐵皮波浪板即可，這樣兩側新牆約 40 至 45 公分厚，室內的部分再鋪上隔音岩棉，表面材則用石膏板封起。這樣一來，房子有內、外兩層空氣層，可以隔熱又可保溫。測試的記錄，冬天室外 9.8℃、四樓為 12℃；初夏室外 32℃、四樓為 26℃。

b. 四樓舊屋頂上約 70 公分再架一層新屋頂，兩層屋頂之間產生空氣層，空氣可以減緩上層鐵皮經過日曬所傳導下來的熱，同時，新舊屋頂的底部與頂部都有開口，可以讓夾在兩層之間的熱空氣從頂部流出。

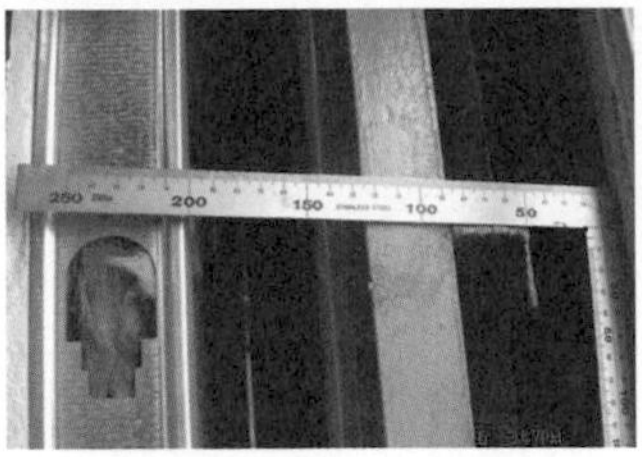

5 | 太陽能利用

a. 太陽能板花費造價高達一百多萬元，佔總改造費用的四分之一，但當時申請政府補助時，條件限制重重，現今能源局則已經修改安裝的補助經費。而賣電給台電的市電並聯收購費率，也會因補助程度不同而不同。

b. 謝兄計畫日後的室內用電有一部分將改成直流電，一方面試圖提升太陽能的用電效率，一方面也希望讓直流變頻省電電器有更多可嘗試的舞台，並且還打算將沒用完的電力拿來電解水，電解後的氧氣直接釋放在室內，提高室內空氣含氧量，氫氣則吸附收集，供氫氣車使用。

c. 謝兄強調不使用任何蓄電池蓄存太陽能板發出的電力，因蓄電池壽命較有限、且不論製程與丟棄後的產品都會產生污染，而太陽能板本身，則是在製程中會產生工業廢水及空氣污染，也是難以忽略的。他選擇直接跟市電並聯，將尖峰用電時間發出的電力直接回饋至市電電網，轉給其他用電戶。

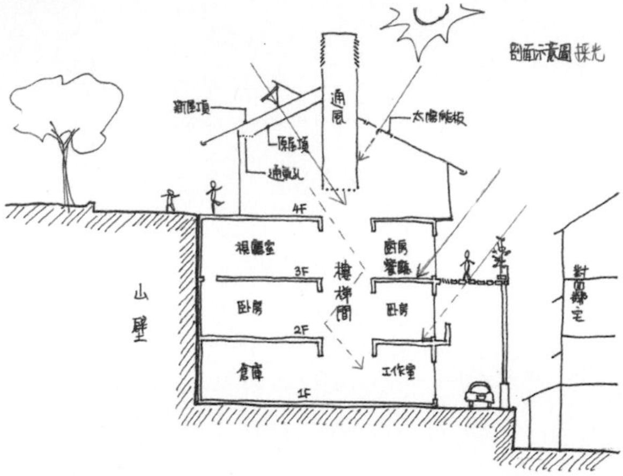

a. 一、二、三樓的四面，西面是鄰宅、南面是後巷、北面是山壁，東面則因位於邊間，有一小塊空地。一樓後巷，原本藏身在鐵皮車庫下，終年不見天日。謝兄將鐵皮車庫拆掉後，將高度拉高至與三樓地板齊平。同時改用木料建成平台，平台上的板材與板材之間刻意留細縫，除了提供木材吸水膨脹的伸縮縫，光線可以透過木平台進到一、二樓，太陽的輻射熱則會被擋住，猶如一巨型的遮陽板。

b. 四樓的鐵皮屋，其中一區加蓋第二層屋頂時，直接使用太陽能板取代鋼板，太陽能晶片本身就像一個個方塊黑玻璃一樣，而晶片與晶片之間留有不導電的隙縫，光線還是透得進來。

c. 通風塔除了最頂部用百葉之外，其餘部分都是強化玻璃，橫向面積 1.2×1.2 公尺，算是十分大型的「立體天井」，下方又銜接樓梯，因此二、三樓的梯間仍舊十分明亮。

d. 鐵皮屋頂的屋脊部分設計出高差，大量的光線透過高差的窗戶進到室內，是四樓白天主要的自然光源。

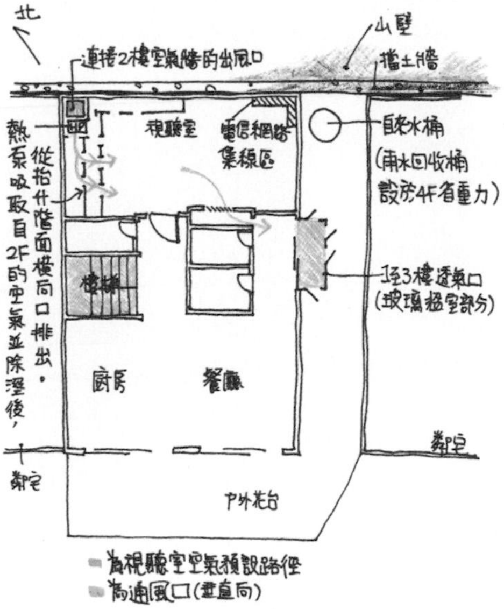

3F平面示意圖

老屋細部防水措施

連棟透天拆除過程

火箭爐製作

老屋細部的防水措施

不論是老房子或新房子，防水都是室內裝修前一定要搞定的項目。遇到連棟老房子，水路更是始料未及，只能盡量做事前預防。在此以本書屋主阿立家的細部防水為例，透過防水工班阿山的敏銳度，讓房子未來的漏水機率降到最低。

連棟的公共牆面均勻敲洞增加附著力，塗上新舊水泥接著劑，趁尚未乾掉之前貼上玻璃纖維網，然後再塗彈性水泥及粉光，其功能類似緊緻面膜，預防牆面產生裂縫造成表面龜裂漏水。

屋頂上雨水容易回滲的側邊，阿立與鐵工師傅量伯合作設計了不鏽鋼箍邊，讓留下的雨水與斷面保持距離，也更強化可樂瓦與屋頂結合功效。

鄰宅屋頂與牆面的交接處，上了兩道矽利康，並且用工具壓平，降低水附著固定的機率。

因為天井的外牆直接對著後方的防火巷空間，使用新舊水泥接著劑與彈性水泥將天井的部分做好防水，可以降低水氣從外牆滲進來的機率。

電梯以小閣式基礎的概念建構，在施工過程遇到大雨，竟成了小水池，於是阿立當下決定要新埋一條排水管，以防日後類似狀況發生。

大雨也讓阿立發現頂樓陽台的積水會回滲到門檻裡，等乾掉之後，阿山立刻用 AB 膠與新舊水泥接著劑在門檻與陽台地板之間做防水補強。

即使室內樓層的地板基礎已是不鏽鋼 deck 板灌漿，不過考慮到有些地方有打孔穿管線，還是在地板表面再塗一層彈性水泥做防水。

窗框與結構體交接處，最容易滲水。此處鋁窗與木框之間的空心部分，用高壓灌注 PU 發泡使水無法滲入室內。

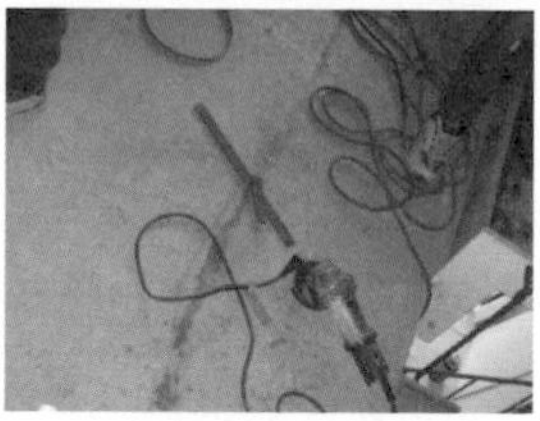

地板上畫的紅線，是灌漿之後被埋在樓板中的管線，再次用紅線標示，是因為釘木地板時，要讓地板工人知道哪裡有跑管路，這樣才不會釘角料時釘到，造成漏水等破壞情形。

門口朝向西南方，夏季會有反潮的可能。阿立在水泥地板與前院的土壤之間挖一約 30 公分的小溝，用黑網包覆石塊，使土壤的水氣與水泥地之間保持一段距離，今年夏天已證實室內無反潮狀況了！

增加勞資默契與睦鄰的關鍵

在擁擠的都市裡，發出噪音的工地常會讓周遭的鄰居情緒緊張，若能夠替鄰居著想，從環境維護上加以彌補，也許是最基本必要的。以下幾項是楓居設計王議陞在施工過程的經驗分享，值得參考。

工地管理

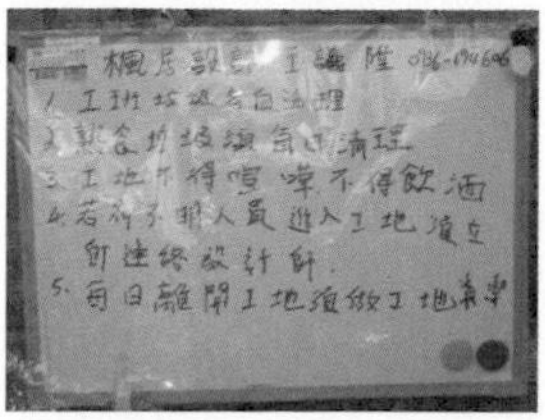

布告欄上寫著屋主與設計師的叮嚀，工班垃圾及熟食垃圾要每日清理、工地不得喧嘩飲酒、收工離開前要做工地清潔。

工地安全

頂樓施作小木屋時，屋主阿立要求工班買了兩個滅火器擺在現場，實施工安作業，以防萬一。

顧及鄰里

每天收工前一定要把巷道沖洗乾淨，用雞毛撢清理周遭車頂，許多上班族的鄰居甚至不清楚阿立家在動工。

灌漿完畢立刻牽水管沖洗巷口路面。

施工時，用帆布將鄰居的陽台、牆面加以遮蔽，減少灰塵或施工碎片噴濺到鄰居家。

人際互動

屋主、設計師、工班一同過節吃湯圓，經過十個月下來的合作，現在已如老朋友般熟稔。

假支撐 vs. 真結構——連棟透天拆除過程重點

相較於一般獨棟的房子，連棟透天就像一排連體嬰。今天要改造或拆除其中一間，就要考慮到兩側相連的鄰宅，很可能會往中間空掉的部份稍微傾斜、壓迫，或者突發的地震使之安全受到影響。
以書中屋主阿立為例，雖然想要新蓋的房子不再依賴兩戶的支撐，最好能夠「自體成型」，但也不能放任兩邊房子不管，那會牽涉到鄰宅住戶的居住與性命安全，因此，仍需負起拉緊兩邊房子的責任。

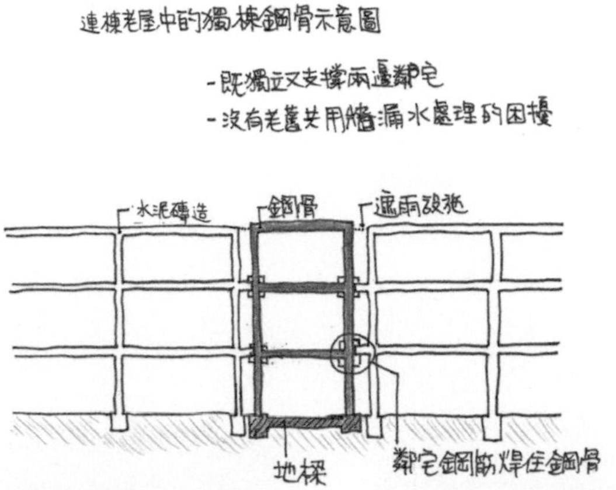

在拆除前，先用假支撐，也就是鎖螺絲的方式將第一批鋼骨沿著原有樑柱結構架好，緊貼公共牆，然後再把老屋的樓板及樑柱拆除。因為有了假支撐，原本老屋的鋼筋水泥拆光，兩邊房子仍不會受到影響。

為了讓房子能夠「自體成型」，必須做地樑。地樑與上樑平行、同一個投影位置，放樣後開挖、配筋、灌漿。

地樑使用的是很粗的八分鋼筋，這樣的粗度據說可以蓋到六層樓了。其交錯處，就是未來真支撐立柱的地方，有的會與假支撐的柱子重疊位置，有的則是因格局調整而有新的立柱。有些要埋在地底的管線也預埋在鋼筋之中。

灌漿完、地板快乾的時候，在地板上試鎖上 H 型鋼柱的基板。

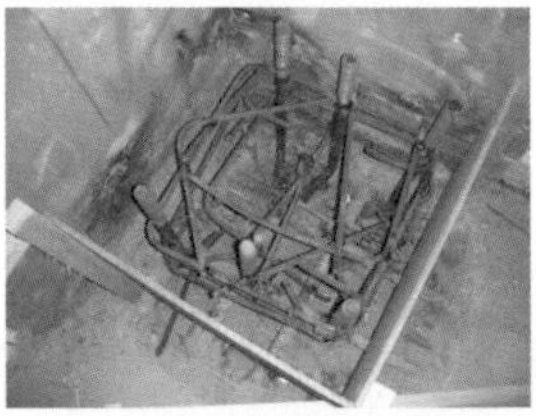

連續颱風豪雨，一個月內地板始終無法全乾，考慮到將來可能遇到同樣狀況，索性將柱子基座灌漿立墩，減少鋼骨基板碰到水氣的機率。

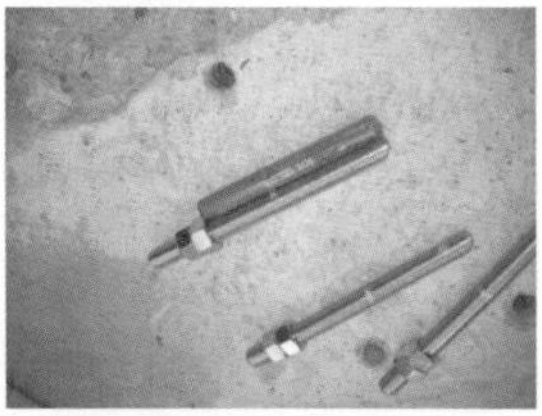

鋼柱與地板的交界面，使用化學螺栓（有點類似瞬間膠），阿立表示硬化後的硬度比水泥還硬，可以將鋼骨螺絲與水泥地板複合。方法是先在地上鑽孔後，將化學藥劑連同玻璃管放進孔裡，再用鑽頭將螺絲鑽進去，玻璃薄片會一起打碎，約在二十分鐘內化學藥劑就呈現乾硬狀態。

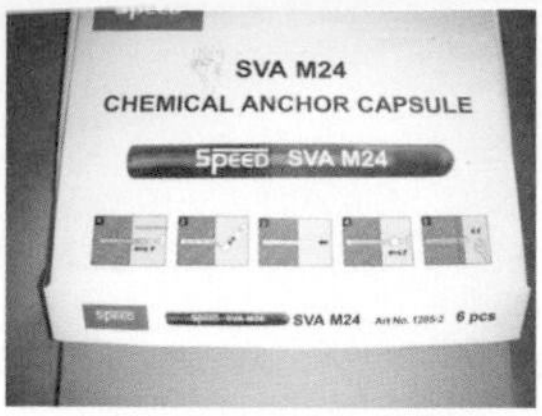

化學螺栓原名為 Chemical Anchor Capsule（逐字翻譯是化學錨碇膠囊，也有人稱為化學黏著劑安卡錨栓），可用於金屬材料與混凝土或磚牆之間的固定媒介，較不會產生擠壓與龜裂，邊角地帶以及有水氣的地方，都可以配合不鏽鋼螺絲使用。尺寸與各種螺栓相搭配，此處用的是 M24。

使用化學螺栓固定 H 型鋼柱底板於水泥墩上。

地樑與地板乾燥之後，開始換成真結構，第二批全新鋼骨與原本的假支撐鋼骨，以一根新換一根舊的方式慢慢換。

塗防鏽漆、安裝樓層地板，採用不鏽鋼 deck 板。常見的 deck 板是白鐵，比較薄。

鋼骨與公共牆之間也要拉緊。把公共牆的鋼筋與鋼骨上的剪力釘箍在一起。

二樓樓板配筋、水電配管。

二樓要灌漿之前，一樓要先用支撐架撐住樓板，以免灌漿之後的重量讓鋼骨變形。

鋼骨塗防鏽白漆

在室內有隔間的部份砌磚牆。

為了要隱藏 H 型鋼的凹陷感，在型鋼之間填上磚塊，凹陷處需先焊上短筋，這樣磚塊才有著力點。

結構體大致完成之狀況。

火箭爐——小乾柴大烈火

中秋節烤肉的時候，光是要燒木炭，大概至少就要搧風點火個十來分鐘，還要忍受嗆鼻的濃煙。被大地旅人環境教育工作室稱作是「小乾柴、大烈火」的火箭爐，只要一小束的細小枯枝，就可以升起熊熊烈火。

炒菜、煮水、煎蛋

網路上有人說，兩根樹枝就可以炒一盤菜、七根免洗筷可以煮蛋。我認識的朋友中，吉仁用中型火箭爐，以一綑手掌大的細樹枝就可以煮一壺開水；阿操用可攜式火箭爐，幾根路上撿來的樹枝就可以煮熱湯給大家喝。

如何自己做火箭爐？

火箭爐是運用進氣孔與圓柱體組成 L 型（如圖），營造煙囪效應，加速空氣在爐內的吸入與排出，可以用兩個鐵罐組合，然後再以大鐵罐加以固定角度。

粗略區分，火箭爐分為大、中、小三種約略的尺寸。吉仁家用大、中型的水泥涵管做出兩種尺寸的火箭爐，大者做來讓綺文染布、人多的時候煮大鍋飯用；中者則平日喝茶時可以用來煮一壺開水。水泥涵管都是朋友家廢棄不要、拿來重新再利用的，因涵管本身就具有厚度，吉仁只要再做進氣口就可以；小型的可隨身攜帶，體積約一個大奶粉罐大小。

進氣口中間可以插一片鐵板，使進氣口分為上、下兩部分：上部分用來放枯枝，下部分則是空氣的通道；當爐內空氣燒完形成負壓，外面的空氣就會快速從進氣口補充進去，火就會越來越旺。

不過，也因為火箭爐的洞口大小有限，能夠放進爐內的枯枝數量也會受限，因此，最好有人在旁邊不時添加柴枝，確保火源維持穩定。

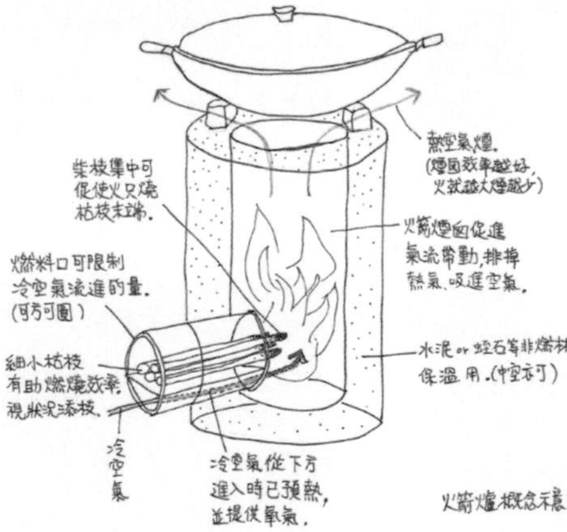

火箭爐概念示意圖

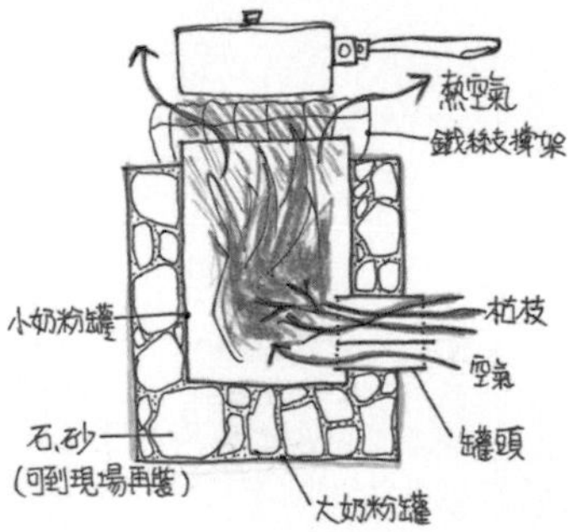

小型可攜式火箭爐剖面示意圖

可攜式火箭爐

火箭爐在運作時，樹枝燃燒的速度頗快，尤其是可攜式火箭爐的洞口較小，放的樹枝有限，最好待在旁邊定時添加。

從進氣燃料口看內部，才幾根樹枝，火就已經燒到鍋底了。

大地旅人工作室將大鐵桶改造而成的火箭爐，可以烹煮較多的食物。由於桶身較高較寬，底部設計成枯枝與斧頭置物箱，燃料進氣口則位於中段位置。

固定式火箭爐

位於吉仁家前院的大火箭爐，是吉仁去阿姨家搬回來的廢棄水泥涵管。放進不鏽鋼桶就可以讓綺文染布。

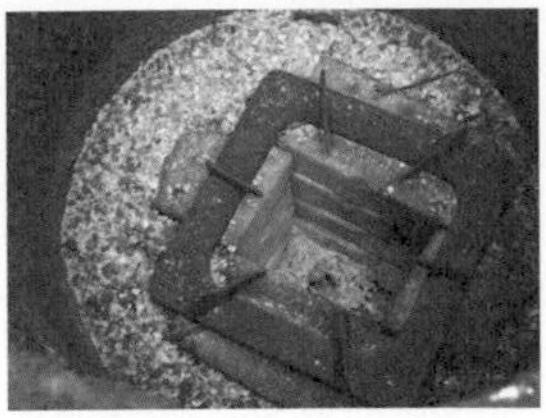

水泥涵管底部以磚砌成煙囪，頂部再放瓦斯爐架當緩衝，周邊填滿蛭石做為保溫之用。

吉仁將燃料進氣口設計成方形，有木板可以蓋住的是放樹枝的燃料口、下方則是進氣口。兩側石頭排列成引導氣流的角度。

當樹枝放完後可將木板蓋上，以強制空氣都從下方進氣口進去、送到火苗之下，促進燃燒效率。

這是吉仁裝設在走廊的中型火箭爐。是用尺寸較小的水泥涵管改造而成，爐面與走廊地板同高。

水泥涵管基部周圍用黏土加以固定，進氣口與燃料口的高度比約為1：2。

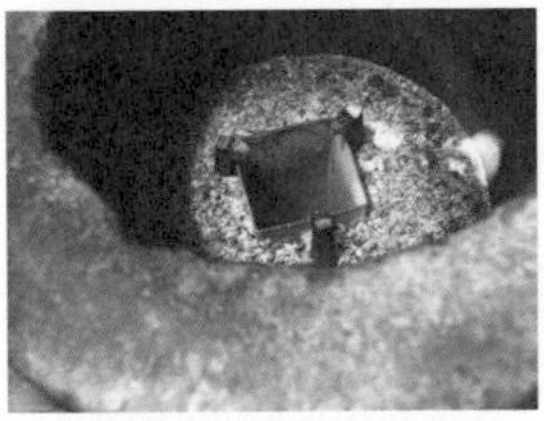

中型火箭爐底沒有空間架磚，用方管當做爐內煙囪。

用傳單包覆碎木屑、花生殼，成為火種。

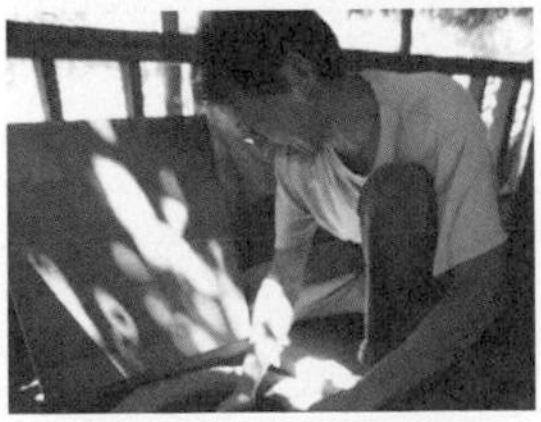

火種點燃之後，丟到火箭爐底。

火種的火源穩定、煙變少後，開始將小樹枝放進燃料口。

小樹枝的量如圖，手掌可以握起的一綑小樹枝。

一綑小樹枝已經帶來熊熊烈火，可以煮水了。

做自己的建築師 03

蓋自然的家屋：友善土地，就是友善這塊土地上生活的人

作者 林黛羚
攝影 王正毅、劉德輔（SkyDance Davis）、林黛羚、陳國隆
選書責編 席 芬
資深主編 劉容安
總編輯 徐藍萍
版權 翁靜如、吳亭儀
行銷業務 林秀津、何學文
總經理 彭之琬
發行人 何飛鵬
法律顧問 台英國際商務法律事務所 羅明通律師
出版 商周出版
台北市中山區104民生東路二段141號9樓
電話：(02) 2500-7008 傳真：(02)2500-7759
E-mail：bwp.service@cite.com.tw
發行 英屬蓋曼群島商家庭傳媒股份有限公司城邦分公司
台北市中山區104民生東路二段141號2樓
書虫客服服務專線：02-25007718・02-25007719
24小時傳真服務：02-25001990・02-25001991
服務時間：週一至週五09:30-12:00・13:30-17:00
郵撥帳號：19863813 戶名：書虫股份有限公司
讀者服務信箱：service@readingclub.com.tw
城邦讀書花園：www.cite.com.tw
香港發行所 城邦（香港）出版集團有限公司
香港灣仔駱克道193號東超商業中心1樓
E-mail：hkcite@biznetvigator.com
電話：（852）25086231 傳真：（852）25789337
馬新發行所 城邦(馬新)出版集團
Cité (M) Sdn. Bhd. (458372 U)
11, Jalan 30D/146, Desa Tasik, Sungai Besi, 57000 Kuala Lumpur, Malaysia
電話：（603）90563833 傳真：（603）90562833

封面設計 羅心梅
版面設計 羅心梅
印刷 卡樂製版印刷事業有限公司
總經銷 聯合發行股份有限公司
電話：(02) 2917-8022 傳真：(02) 2915-6275

二〇一〇年九月二十四日初版一刷
二〇一五年一月二十二日二版
二〇二一年十一月二日二版2.8刷
定價420元
ISBN 978-986-120-344-7

Printed in Taiwan

城邦讀書花園
www.cite.com.tw

國家圖書館出版品預行編目資料

國家圖書館出版品預行編目資料
蓋自然的家屋：打造手感的家，享心安的節奏／林黛羚 著.——初版.——臺北市：商周出版：家庭傳媒城邦分公司發行,
2010.09 面； 公分.——（做自己的建築師；3）

ISBN 978-986-120-344-7（平裝）
1.房屋建築 2.綠建築 3.空間設計

441.52 99017935